ガリ切りの記

生活記録運動と四日市公害

澤井 余志郎

影書房

はじめに

四日市公害では、私は、「語りべ」「生き証人」「便利屋」などと呼ばれている。

現在、主にかかわっているのは、小学校五年生の社会科「四大公害裁判」の単元で、今どきの先生にはその体験はなく、どこで知るのか、私の自宅に「語りべをお願いします」と電話をいただく。前もって『四日市公害学習案内』など手作りの教材参考資料や、ビデオテープを送り、市県外校の場合は公害激甚校だった塩浜小学校を借りての学習、四日市市内校はその学校へこちらから出かけての学習を行なう。これには、公害裁判原告患者で漁師の野田之一さんと、コンビナート定年退職者の山本勝治さんと私の三人で「語りべ」をしている。年に一〇校以上受け入れ、すべてボランティアで奉仕している。

あるとき、四日市市内の教室で公害の話をしていたところ、小学生から、「公害裁判で支援活動をしてきたとき、お金になりましたか」と質問された。返事に困った。「お金にはなりません」と返事したら、「お金にならないのに、なんで公害患者の応援をするんですか」と想定外の質問にどぎまぎしながら、「公害患者は何もわるいことをしていないのにぜんそくになって苦しんでいる、私はぜんそくにならずにすんでいるから、患者さんのためになることをやっています」と答えたが、答える方も、聞く方も納得はしなかったようである。終わってから担任教師に「とんでもないことを、失礼なことをお聞きして申し訳ありません」と謝られたが、子どもは素直でいいと思った。

他人から、「なんで、公害にこだわってしんどい語りべなんかを続けているんですか」などと聞かれることがある。「これこれだから……」とすぐに返答できるものをもちあわせていないので、そういう場合、正直返答に困る。

しかし、まず言えるのは、「かって紡績工場で女子工員たちと生活記録をやってきたから……」である。生活記録運動がなかったら、今の自分は存在しないと思っているし、何よりも、その生活記録運動で私は人間として成長できたと、女子工員なかまたちに感謝している。

ガリ切りの記■目次

7. このごろの革新ってどうなっとんのや

ガリ切りの記

■

生活記録運動と四日市公害

四日市コンビナート工場配置図

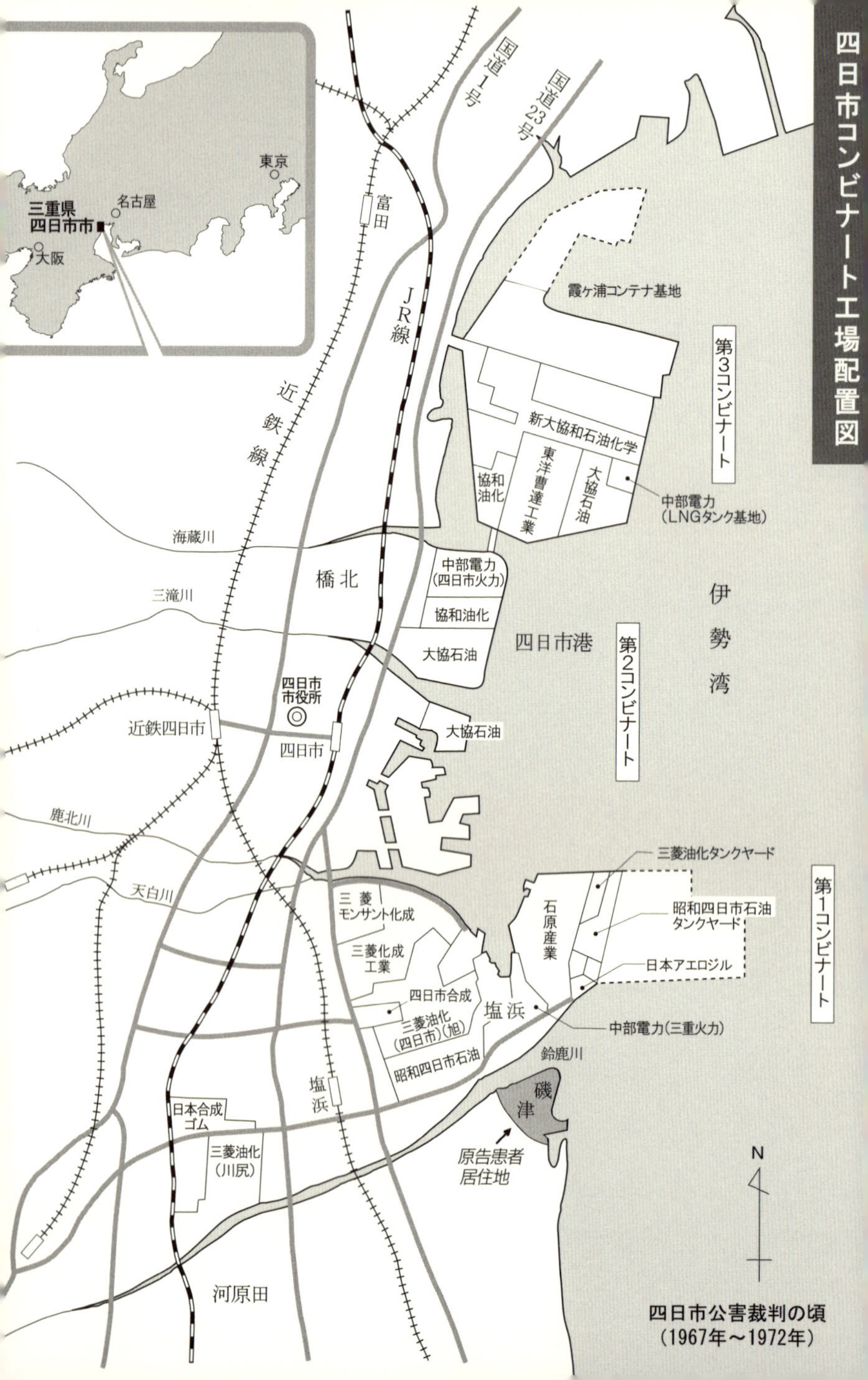
三重県
四日市市
名古屋
東京
大阪
国道1号
国道23号
富田
JR線
近鉄線
霞ヶ浦コンテナ基地
第3コンビナート
新大協和石油化学
協和油化
東洋曹達工業
大協石油
中部電力
（LNGタンク基地）
海蔵川
橋北
中部電力
（四日市火力）
協和油化
大協石油
三滝川
四日市港
第2コンビナート
伊勢湾
四日市市役所
近鉄四日市
四日市
大協石油
鹿北川
天白川
三菱モンサント化成
三菱化成工業
四日市合成
三菱油化（四日市）（旭）
昭和四日市石油
塩浜
石原産業
三菱油化タンクヤード
昭和四日市石油タンクヤード
日本アエロジル
中部電力（三重火力）
第1コンビナート
鈴鹿川
磯津
原告患者居住地
塩浜
日本合成ゴム
三菱油化（川尻）
河原田
N
四日市公害裁判の頃
（1967年～1972年）

1. 生活記録運動のころ

浜松工業学校紡織科へ

私の出身地は、静岡県浜松市。一九四一年（昭和一六年）三月、私が小学校六年生の時、担任教師から「これがおまえの受験票だ」と渡された中学校は、浜松工業学校。普通中学校（進学校）ではなく、実業学校の紡織科であった。兄二人は普通中学校で、旧制高校へ進学している。「なんでおれだけ工業学校や」と私は親父に文句を言った。

クラスの仲良しだった友達が、「おらんとこのあんねー（姉）は、女中にも使ってもらえんで、紡績のバタンコ（女工）になった」と言った言葉が脳裏に強く刻まれていたこともあり、入学試験を受けに行ったとき、白紙答案で落第しようと覚悟を決めて行った。

その年は太平洋戦争の始まる年であったからか、ペーパーテストではなく、口頭試問であった。いい加減な返答をしたが、発表日、桜の花は散っていなくて、咲いていた。

紡織科は三五人ほどで、多くは織機を何台か運転している織屋《おりや》の息子で、私の家は呉服屋だから、まあ関係ない。

入学後は、教室で勉強することは少なく、鉄砲担いでの教練や、軍需工場や飛行場（防空壕掘り）、農家での田畑作業などが多かった。

敗戦一年前、中学四年生の時、五年生と一緒に、御殿場の隣にある富士瓦斯《ガス》紡績小山工場へ泊まり込みの勤労動員となった。敗戦の年の三月には、B29が編隊を組んで富士山をめがけて飛んできて、富士山上空で進路を東京に向けて飛行するのがよく見えた。

三月末になって、もう一年、卒業するまでこの工場で働くのだろうと思っていたところ、付き添いの教師から、「おまえたち四年生も五年生といっしょに卒業することになった。ついては、これから、就職先を発表するので、四月一日にそれぞれの就職先へ行くように」と指示された。

私は、四日市の陸軍製絨廠《せいじゅうしょう》。「みんなは、それぞれ三人とか四人とかで、東洋紡、鐘紡、近江絹糸などへ行くのに、なんで私だけは一人で、軍の工場へ行くんですか」。不満だとして聞いたら、「軍からは一人と言ってきたから……」の答えでどうにもならなかった。

四日市の陸軍製絨廠へ

一九四五年四月一日、親父に付き添われて、舞阪駅から東海道線で名古屋へ、関西線に乗り換え四日市駅で下車。〝四日市は、暗い感じの町、好きになれそうにないところ〟が第一印象だった。

この日、名古屋、岐阜、彦根などの工業学校紡織科卒業生が、それぞれ三人とか四人とかの複数で一〇名あまりがともに陸軍製絨廠に入った。

軍属になるわけで、軍人以外にも階級があり、一般工員は「工員」、私たちは「雇員」、その上は「判任官」「勅任官」と、星の色も違ってくる。

指導係は、士官学校を出ていないので、いつまでたっても上の階級になれない「准尉」で、最初の訓示は「おまえたちはろくに勉強していないだろうから、下手に現場で手を出すな、なんでも知っているふりをして歩いていろ」であった。その通りなのだが、ただ歩いているわけにもいかないので、防空壕掘りをしていた。二カ月ほどたったとき、その防空壕が役に立った。

六月中旬、中小都市ではわりと早く、米軍のＢ29による爆撃が始まった。まず市街地を焼き尽くした後、三回目以降に、太平洋戦争を始めるために急遽建設されたという海軍燃料廠が、空襲でやられた。製絨廠とはさほど離れていないところなので、防空壕の中で、シュルシュルと不気味な音で落とされる焼夷弾に私たちは震えていた。空襲警報解除になった後も、ドラム缶が爆発して空中高く舞い上がっていた。

次は、製絨廠だと誰もが思い、製絨廠は急いで機械設備を疎開することになり、岐阜県高山市近くの小鷹利《こだかり》村と、金沢市の隣町にある松任町に分散疎開した。

「おまえは、女子工員（数名）を引率して松任町へ行け」との命令で、六月下旬、関西線、高山線と乗り継いで、引率といっても、私より年長の女子工員に助けてもらって行った。私は当時、一六歳であった。このときも、新入生では私一人であった。

松任町は、〝朝顔につるべとられてもらい水〟で有名な加賀の千代女の町で、まだ平和そのものだった。福井、富山と空襲にあったが、金沢は免れていた。休日には電車で金沢へ出かけ、川べりの喫茶店で過ごしたりした。溝にはドジョウがたくさんいて、現地採用の女子工員に教えてもらいながらドジョウすくいをした。

工場は、民家の土蔵などを借りての反毛と織布の工場で、八月一五日に据え付けを終わり、昼から運転を開始することになった。

「正午に天皇陛下の玉音放送があるので、全員事務所へ集合」の命令があった。「勝利を目指して汝臣民奮闘努力せよ」といったことだろうと思って私は事務所へ行った。神様の声はよく聞き取れない。初老で主任の判任官は涙を流していた。天皇陛下じきじきの放送で感激のあまり、涙しているのだろうと私は思っていた。

放送が終わったので、織布工場の工員に「さあ、これから運転を始めるから、行こう」と私が声をかけると、所長の大尉から「戦争に負けた。もう仕事をしなくてもいい。あとは本廠の命令を待つ」と止められた。戦争に負けた、口惜しいとは思わなかった。私は家へ帰れるとうれしかった。

八月末まで、後片付けをやり、浜松へ帰った。母親は「のんびりしていればいい」とねぎらってくれた。

翌年の二月、陸軍残務整理部から「公用」のハンコが押されたはがきで、「寝具持参で二月一日に陸軍製絨廠へ出頭せよ」との通知が届いた。戦犯摘発が始まっていたこともあり、親父は「何か悪いことでもしたのか」と心配していたが、私は命令されるままに四日市へ行った。

四日市では、製絨廠時代にはついぞ会うこともなかった少将の廠長が、日本間の椅子に腰かけていて、「本日をもって東亜紡織泊工場に払い下げするので、お前たちもここで働くように」と命令された。同期で一〇人ほどいたなかの三人が、工場とともに払い下げとなったのだった。

労働組合の結成

東亜紡織でも、GHQの方針で、労働組合作りが急がれていた。私は、職場で準備委員をしている主任に頼まれ、ガリ版印刷を手伝っていた。工場長が廻ってくると、「ご苦労さん」と声をかけてくれた。労働組合の結成大会では、工場長が来賓としてお祝いの挨拶をした。執行部役員には、各職場の主任クラスが多かった。

その頃の東亜紡織泊工場は、各職場の機械設備もすすみ、さしあたっての工員は、大垣工場などのベテラン工員が主流で、「女子工員が男に振られて池に飛び込んだ、助けろ」「彼氏に会いに塀を乗り越えていった」などと、退廃的な風潮があり、私は嫌な思いでいた。

工場内には演芸場があり、従業員で作られた楽団を中心にして、人絹のドレスをまとって歌う歌謡曲大会や、三度笠に合羽のいでたちのやくざ踊りが盛んであった。

陸軍製絨廠時代には紡績工場という趣きではなく、軍隊であったが、泊工場では、話し言葉も、雰囲気も、自堕落さがあり、私が紡績工場へ先入観として抱いていた〝バタンコ〟を感じさせるものがあった。

労組結成以後、青年部も作られることになり、同じ社員寮にいた米沢高専卒の人に誘われて、私は役員になった。

労組文化部長は染色科の初老の主任であった。青年部から私が文化部員になったことで、機関誌の編集や図書館の管理を任されるようになった。副部長は同じ職場で楽団のリーダーをしていた人だった。いつまでもこんなやくざ踊りをやっていていいのかなと、私は思っていた。

私は、青年部役員になったことで、東亜紡織労組本部会議にも出席するようになった。会議が終わるとただちに麻雀台を囲む役員たちとは別に、長い髪の毛をかきあげながら読書をしている、四日市の隣町、三重郡楠町の労組支部長がいた。私も勝負事は苦手で、その人と話をするようになった。のちに反公害運動にともにかかわることになる訓覇《くるべ》也男《またお》さん

東亜紡織泊工場

だ。楠工場寄宿舎教務主任で、長兄は東本願寺の改革派リーダーで宗務総長である。

訓覇さんと私、そして、浦和工場の支部長は若者で、教員をした人。その後、この三人で、女工哀史を乗り越える文化活動をやろうと「東亜文化会議」なるものをつくり、編集長を交代でつとめることにして同人雑誌を出すことにした。二号まで出したが、浦和工場が売却され、廃刊になった。やくざ踊りに代わる文化活動は、この廃刊で頓挫した。

新制中学校の卒業生たち

一九四九年四月、教育基本法が制定され、新制中学第一期卒業生が集団で工場に就職してきた。長野県伊那谷からが多く、三重県南勢地方からも来た。

私は彼女らと、新入組合員労働講座で最初の接触をもった。やくざ踊りにはない、新鮮さがあった。戦後の新しい教育を受けてきただけに、それまでの「紡績女工」とは違う、はっきりとものを言う「新中学生」の雰囲気に、正直、私は紡績女工蔑視をあらためるようになった。この娘たちとなら、「女子労働者」として一緒に運動がやれる、がんばろうと私は思った。

東亜文化会議の中止以来、何かしなくてはと私は考えていた。楠工場の訓覇さんのところへもたびたび訪れていた。その頃、何かのきっかけで、私はプロレタリア文学なるものを知り、小林多喜二、徳永直、佐多稲子などの小説を読み、感動した。私は社会主義なるものに興味を持つようになった。訓覇さんの社宅へ行ったとき、棚から戦前の非合法雑誌『戦旗』を取り出して見せてくれた。「文化運動をしていると、社会主義や共産党にかぶれてくる。会社が神経を尖らせているから、その方面の本は部屋の本棚に出しておくな。その代わりに反共の本を置いておけ……」と訓覇さんが言うので、ベストセラーになっていた小泉信三『共産主義批判の常識』（新潮社）を買ってきて自分の部屋に置いた。中味はまったく見ていない。

それから私は本屋へ通うようになった。名古屋にも出かけた。社会主義関係の本を多く扱う書店に行ったとき、分厚く、値段も高い、民主主義文化連盟の『文化年鑑』が目にとまった。中を開けてみると、全国単産の、国鉄、全逓、鉄鋼労連などでやられている文化活動サークルが載っていた。「サークル活動で文化活動を推進する」など、威勢のいい文言が並んでいた。「これだ！」と私は思った。「紡績女工」ならぬ、新制中学校卒の「紡績女子工員」を発見して、サークル活動をやろうと考えた。

その頃、労組の代議員会で文化部長の互選があり、楽団長と私が候補に上げられ、私が当選した。これは、戦後の解放感で歌謡曲ややくざ踊りが流行していたが、いつまでもそれでいいわけはない、このへんで新たな文化活動をしていこう、ということで、みんなが私を文化部長に選んだのだと受け取った。

工場には、新制高校卒業生も入社してきた。三宅昭夫、滝沢清一、南谷俊雄といった青年労働者も新鮮であった。この人たちと文化活動をやろうと私は考え、部員になってもらった。

集団就職も、二期、三期と続き、工場内は「紡績女子工員」が主流となっていった。

サークル活動の開始

『文化年鑑』を手本にして、文学、演劇、音楽、映画の文化サークルを作ろうと呼びかけたら、大多数の女子工員が参加してきた。

文学サークルは、「回覧ノート」などに思いのまま書き、文集『あゆみ』に編集、発行した。内容は、花が、月が美しいとか、敗戦後の民主主義、労働組合運動のなかでの、女性の地位向上に立ち上がれとか、女性の腰かけ性排除とかいった観念的なものが多く、一度書くと、あとには書くことがない。

『あゆみ』を、訓覇さんの指導でやっている楠工場のサークルの人たちに送ったら、「泊工場の人たちには生活がない」とか「こんな内容のない文章をいくら書いても、丸太棒を積み重ねただけのもので、簡単に崩れるだけ」といった批判が返ってきた。そう言われればその通りで、反論はできない。文集『あゆみ』は二号でとまった。

音楽サークルは、近くの民間幼稚園長を講師にして合唱練習をしていた。中学生時代に学校で歌った「花」や「ローレライ」とかを合唱していたが、いつしか続かなくなった。

しかし、どこからかは覚えていないが三つ折りか四つ折りかの「うたごえ」と題したパンフを、私は出るたびに手に入れ、音楽サークルに渡した。『青年歌集』が出てからは、「カチューシャ」「ともしび」「仕事の歌」などを、整列してではなく、スクラムを組んで歌うよろこびを知り、またたく間に広がった。

演劇サークルは、男性が少ないので、いきおい少女歌劇みたいな、女性が男役になる劇となった。当時、新協劇団を脱退して「べりてせるくる（たぬき座）」を結成した真山美保さんや、佐野浅夫、下條勉、草村公宣といった劇団員が、公演先がなく、訓覇さんが世話をして、楠工場と泊工場に一カ月近く逗留していたので、彼らにサークルの劇の稽古を見てもらった。「労働者がなんでこんなつまらない芝居をやるんだ」と怒られたりしたが、サークルの中心になった人たちは、次の劇では、裏方に回り、新人を舞台に出すことで、続いていた。

真山さんたちは、その後、新制作座を旗揚げして、『泥かぶら』の劇で全国公演をやるなどで脚光を浴びたが、当時はまだ芽が出ない頃で、三宅昭夫さんが自転車のうしろに真山さんを乗せ、近くの紡績工場をまわって、公演を頼んだりしていた。

映画サークルは、四日市映画サークルで、映画鑑賞をしていた。三宅さんは、四日市での運営にも携わっていて、『自転車泥棒』『米』『無防備都市』などのイタリア映画とか、『女一人大地を行く』などの邦画上映と鑑賞活動などをしていた。

『山びこ学校』の衝撃

文学サークルと音楽サークルが停滞していた頃、『山びこ学校――山形県山元村中学校生徒の生活記録』（無着成恭編、箕田源二郎絵、一九五一年）の本が出た。それと『青年歌集』のうたごえが始まっていたことを知った。

『山びこ学校』は、市内の本屋で見つけた。手にとったとき、表紙カバーの絵にまず惹かれた。山元村に伊那谷と通じるものを感じた。

坪田譲治さんの「すいせんの言葉」にある、無着成恭先生の教え「いつも力を合わせていこう。かげでこそこそしないで行こう。いいことを進んで実行しよう。働くことがいちばん好きになろう。なんでも、なぜ？　と考える人になろう。いつでも、もっといい方法がないか、探そう」に、これだ！　と感心した。私は、労組文庫の担当をしていたので、この本だけは五冊購入し、文学サークルの人たちに回し読みをすすめた。

『山びこ学校』と『青年歌集』のように、生活記録とうたごえが結びついて、工場のサークル活動は、それまでのジャンル別サークルから、小グループで、勤務別（早番・後番・昼専）に分かれて、なんでもやるグループ活動に変化していった。そうした文化活動の中で、中心になっていったのは、生活記録だった。

『山びこ学校』に学んだ「労文（生活記録）教室」では、山びこ学校の生活記録を読んだ感想を話し合うことから始め、自分たちも書こうとなっていった。

『山びこ学校』の中の、江口江一「母の死とその後」は強烈であった。「ぼくの家は貧乏で、山元村の中でもいちばんぐらい貧乏です。そして明日はお母さんの三五日ですから、いろいろお母さんのことや家のことなど考えられてなりません……」にはじまる綴り方は、他人事ですませられるものではない。

女子工員たちは、伊那谷から、それこそ口減らし、家計を助ける出稼ぎということで働きに出てきていた。農村の、そして家の貧困を背負ってきていた。彼女たちは表面上は明るくしていても、貧困には触れたくないと思っている。だからこそ、『山びこ学校』を読んで、みんな感心した。そこには本当のことが書いてあった。田んぼや畑が何反あって収入はいくら、家族が何人とその家の経済状況がわかる。それと比較すれば自分の家も同じだ。だからといって、一六歳の娘が「うちも貧乏だ」とはなかなか言えない。みんな貧困を秘めていた。

「私たちも、山びこ学校のような綴り方を書こう」となった。何を書くか。工場へ働きにきているが、いつも村の家のことが気にかかっている、だから自分の家のことを書こう、となった。

だが、簡単にはいかない。貧乏は恥ずかしいこと、人前にさらけ出すことではないと、固く思ってきていた。山びこ学校の中学生の書いた、ありのままを綴った生活記録を読んで感心した自分との間で悩みつつ家の貧乏綴り方を書いたが、読み返して、それが本当のことだけに自分以外には見せられないと強く思っていた。

「書いた綴り方を持って集まろう」となり、三〇人ほどが集まった。誰も出そうとしない。私は、横にいた尾崎（現・外立）八重子の綴り方を取り上げて読んだら、八重子は泣き出した。ほかの人たちはほっとした顔をしていた。貧乏なのは私の家だけではなかった……と、安心したかのようで、次々と自分の綴り方を出した。

田中（現・三宅）美智子がガリ版原紙切りをしてくれて、最初の文集『私の家』ができた。文集をつくって終わりではなく、書いた綴り方をみんなで読みあい、話し合う、話し合ったことをまた書く、活動する、そうした生活記録活動をするようになっていった。

「なんで家は貧乏なのか」「百姓が作ったものは、自分で値段が決められないで、値段は買うほうが決める。肥料などは売るほうが決める」「給料には家への送金分は入っていない」

みんなが書いた綴り方を読みあう話し合いでは、それまで気づかなかったことを、具体的にわからせてくれる。綴り方では、文章がうまく書かれているかということは問題にしないで、何が書かれているかを大事にした。

『私の家』の話し合いでは、「家で貧乏を背負って働いているのは母ちゃんだ」「私もいずれ母ちゃんになる」「私はどんな母親になればいいのか」、だから、お母さんについての綴り方を書こうとなった。

母親に手紙を出したり話を聞いたりしながら書いた綴り方は、文集『私のお母さん』にまとめた。結婚式当日に初めて夫の顔を見たとか、娘たちの想像を超える母親の実態を知ることになった。

「もっとお母さんのことをよく知ろう」「お母さんのようにならんようにするにはどうしたらいいか」と、そうしたことを考えるために、「母の歴史」を書こうと進んでいった。

そんなふうに考えれば考えるほど、知らなかったことを知るほどに、娘たちは、農家の嫁にはなりたくないとの思いが募っていった。

一九五二年、日本作文の会が、岐阜県中津川市で第一回作文教育全国協議会を開催することを新聞で知り、綴り方なかま三人が参加した。講師として招かれていた鶴見和子さんと、私たちは中津川で初めてお会いした。

鶴見和子さんは、そのときの講演で、「自己を含む集団」「集団の中の自己改造」といったことを話された。私は工場に戻ってから、なかまたちに「集団の中での自己改造を」と、真意もわからないのに流行語のように使った。サークルという仲間意識のある集団の中で、書く、話し合う、行動することによって、ともに成長しようという思いが私にはあった。

また、本当のことを、ありのまま、かざらずに書く、発表する、ということは、仲間意識が培われていないと成り立たない。うたごえや演劇、レクリエーションなどで新しい仲間となっても、すぐに生活綴り方が書けるわけではない。しばらくすると、仲間の一人が、「もうあの子も綴り方書けるよ。綴り方を書くように言うといいよ」と言ってくれる。そうした段階で、その子も綴り方の仲間になる。

当時の労組本部の幹部だった赤坂常之進さんは、泊支部で始まった生活記録活動を高く評価していたので、八月末、鶴見和子さんを招いての講演会、話し合いの会などを二日間、泊工場で開催してくれた。

鶴見和子さんは、挨拶代わりにと『娘道成寺』の踊りを、工場内のお稲荷さんの芝生で踊ってくれた。現在、泊工場はなくなり、イオンのショッピングセンターになっているが、お稲荷さんだけは元の場所に今もある。

鶴見和子さん（手前）泊工場へ。組合会議室でサークルの人たちとの話し合い（1952年８月）

なんでも、なぜ？　と考える

生活記録とうたごえのサークル活動は、工場内で活気を帯びてきて、メンバーは、「女工哀史」を塗り替える「繊維産業女子労働者」に成長していった。

無着先生の六つの教え「なんでも、なぜ？　と考える人になろう」や、「生活綴り方教育」の「概念砕き」を、工場の生活記録運動でも大事にしたが、そうすると、工員たちは、会社の言いなりにはならなくなるので、会社や会社の顔色をうかがう労働組合の幹部からは、生活記録運動は嫌われていった。

田中美智子が外出したとき、道端で子どもがお手玉をして遊んでいた。お手玉を落としたとき、子どもは「紡績女工が通ったんで、落としちゃった」と言った。かんかんになった美智子が寄宿舎の部屋に帰ってそのことを話したら、みんな怒った。「その子をとっちめてやる」といきまいた者もいた。話し合ったあと、そのことを綴り方に書いた。書きながら、いまだに大人のあいだでも女工蔑視があることを知った。だけど、寝て、起きて、ただ働くだけでは、昔と変わらない、子どもに軽蔑されてもしょうがない、そうならないようにしよう、とみんなは思いなおした。

当時は、朝鮮戦争の特需景気で、会社はどんどん工員を増やすのに、収容する寄宿舎は満杯で、いさかいが絶えなかった。寄宿舎自治会や労働組合は、声を大にして、寄宿舎増築の要求をしていたが、会社は「経済的な余裕がない」と要求をはねつけていた。

その頃、労組文化部で平和に関する作文を募集し、その『平和文集』に、「寮と地震」と題した綴り方が載った。夜中に地震があった、みんな飛び出した、空襲かと思った、工場長も飛び出したやろうな、金持ちも貧乏人もみな同じだ、ということに続けて、寮替えの話が書いてあった。自分が今度移ることになった部屋は、結髪室で、押し入れもない部屋だ、部屋はふとんを敷いたら歩く隙間もない、顔や足を踏んだとかで、争いが絶えない、こんなことでは生産増強などおぼつかない、職場の平和も保たれない、といった内容だった。

この生活記録は、寄宿舎の増築を要求したものではなかったが、これを読めば、だれでも寄宿舎は増築しなければならないと考えるような説得力があった。金、経済で片付けられるものではない。増築は実現することになった。

私は、生活記録にはこうした効力もあるのかと感心していたら、工場長から呼び出しがあった。最初の圧力である。「あんな危険な綴り方を書かせるようなことをするな……」であった。

このあと、生活記録活動について、たびたび圧力、たまにはアメでの呼び出しが繰り返された。私の職場は、工場の一番の奥にある機織工場で、事務所へ行く途中に試験室がある。労働組合の事務所も途中にある。「また呼び出しかな……」三宅昭夫さんにたびたび声をかけられた。あきらかにこれは労働運動に対する不当労働行為で、会社側はしてはならないことである。

私と一緒に、高山へ疎開した機械の引き取りに行った初代工場長は、落ち着いた太っ腹の人で、いちいち呼び出してあれこれ言うような人ではなかったが、二代目は、図体はでかいが小心者で、名古屋弁丸出しの、落ち着きがなく、いつもそわそわしている人であった。

私の叔父が、日本軽金属蒲原工場長をしている頃、社用で四日市の富士電機に来たとき、工場へ面会に来たことがあった。ついでに、工場長に会って挨拶すると言うので、私はそんなことしなくてもいいと言ったのだが、会ってしまい、それ以後、「立派な叔父さんに君のことを頼まれたから……」と余分なことまでお説教の材料にされてしまった。

あるとき、こうした呼び出しについて、不当労働行為だからと電気科主任の労組支部長に話したが、「大変だなあ」と言うだけで取り合おうとはしなかった。

こうした呼び出し、圧力の末に、私はついにはクビになるのだが、こうした圧力行為がなかったら、はたして生活記録運動は続いてきたかな、とも思う。弾圧は私にしても、なかまたちにしても、逆に、その都度、負けられんと力をつぎ込んでくれたと思えてならない。自分たちは何も悪いことをしていない、「生活記録は良いもの」との信念が身について、それを壊そうとするものに抗したのだと言っていい。

概念砕き

それにしても、生活記録運動については、とにかくいろいろあった。

朝鮮戦争、レッドパージ、日米安保条約、と急速に反動化が進み、破防法（破壊活動防止法）が制定されようとしていた。このとき、珍しく右派労組の全繊同盟（全国繊維産業労働組合同盟）も、破防法反対のストライキを決めたことがあった。当日、職場では主任が、「この係は多忙だから作業続行、ここは暇だからストに行け」と指示をしていた（この程度のストでも、ほかの組合はストをしなかった）。

スト組は、演芸場での労組の大会へ参加した。大会では、「日米独占企業は、利潤追求のために労働者階級から搾取している。断固ストライキで闘え……」など、いまにも革命を起こしそうな、威勢のいい発言をする組合員がいた一方で、一番前の席に座っていた綴り方のなかまの一人が、「中学校の社会科で、ストライキっていうのは、仕事を止めて労働者の要求を通す手段だって教えてもらいましたが、今日のストは、会社の仕事に協力しています。これはどういうことですか？」

と質問をした。幹部はまともに答えられなかった。さすが生活綴り方っ娘《こ》だ、私は質問をした娘に感心した。

革命発言のほうは、その後、何も問題にされなかったが、スト発言（まさしく生活綴り方で大事にされている〃概念砕き〃である）のほうは問題にされて、主任会議で、電気科主任の支部長が工場長から叱責された。「あれは澤井がけしかけたこと……」と支部長が弁明していたと、ある主任が私にこっそり教えてくれた。「工場長から呼び出しがあるで、あれは北村（支部長）が責任逃れで言っているって言えよ」

呼び出しがあったとき、私はそれは言わないで、「彼女は新制中学校でそう学んできたのだから……」と言っておいた。さすが生活記録活動の成果。このときも、圧力よりもこのほうが私はうれしかった。

こんなことだからか、これ以後、自分が困ると「あれは澤井のせいだ」と言うやからも出てきた。澤井の利用価値が出てきたということだが、それを鵜呑みにする工場長はお粗末な人間ということになる。

昼食で食堂へ行ったときのこと。手前に労組と会社の掲示板がある。労組副支部長が原爆被害の写真を展示していたので私も手伝った。しばらくして、警察の警備係がやって来て、あの写真はこのあとどこへまわすのかと調べに来たと知らされ、工場長から私に呼び出しがかかった。「副支部長が、おまえに言われて展示したと言っていた。正直に警察に答えろ」。これには参った。

私が解雇後に勤めるようになった地区労（全繊同盟で加盟していたのは東亜紡織泊支部だけ）からまわってきたのだろうと思ったが、当時は、私は労組役員でもないし、事前にどこからどこへとは聞いていない。警備係の警官は三人で来ていた。知っていても言うわけにはいかない。逆に「なんでこんなことを調べるのか」と尋ねたが、警官はろくに答えようとしなかった。工場長には副支部長のことで弁解しないでおいた。

ムチだけではだめだということとか、「会社の文化部長になったつもりでやってくれたら、社員待遇を格上げする」とか、「特別ボーナスを出す」と、会社から言われたりもしたが、断った。

次のアメは、事務課長らの会社側の二人に、三宅昭夫さんと私が夕食に誘われた。四日市にこんな店があったのかと思うほどの上等なフランス料理店で、「何もくどくど言わなくてもわかるやろう。工場長を困らすことはするなよ……」。あとは、「飲め、飲め」で、三宅さんは酔いつぶれてしまうほど飲まされた。私はまったくの下戸で飲めない。二人の愚痴やら何やらを一人で受けるはめになった。二人は自腹ではなく社用なので、フランス料理店の後、バーを二軒ほど付き合わされた。なんのことはない二人の酔っぱらいを介抱するはめにもなった。

二人は工場長にどんな報告をしたのかわからないが、三宅さんも私も、接待前と変わることはなかった。

生活記録運動への攻撃

工場長は、ここまでしても駄目かと悟るべきなのに、あきらめようとはしなかった。社員は、本事務所においてある「出勤簿」に判を捺すことになっている。あるとき、その係をしている通勤の女子事務員が私にこっそり教えてくれたことがあった。彼女は、綴り方グループでもなし、なんでと思ったが、私が工場長に呼び出されるのを見て同情してくれたのかもしれない。

「寄宿舎の青木先生（教務主任で、この男が綴り方をやめさせる働きかけの大将であり、寺の出身で、みんなで〝青木坊主〟と呼び軽蔑していた）が、伊那の保護者会長宛の手紙を持ってきて、これに切手を貼って投函するようにと頼まれたんだけど、中を見たら、澤井さんたちの綴り方をやめさせようとしていて……。同封の文面をそのまま書き写して工場長に出してくださいって書いてあるの……。そのうち、また工場長から呼び出しがあるから覚悟しておいたほうがいいわよ」と中味を見せてくれた。

しばらくして、その手紙は伊那保護者会会長から工場長宛の手紙として、大きな紙に書かれ、掲示板に貼りだされた。私には呼び出しがあった。「それは青木坊主がこれこれで……」と喉まで出かかっていても言うわけにはいかない。手紙は、文集『母の歴史』についてで、「あんな貧乏綴り方を書くのはやめてほしい」といった内容だった。

私は、年末年始の休みに滝沢清一さんと伊那へ行き、保護者会会長に「この『母の歴史』の文章読みして、「この通りですな、悪いことはありませんな」と感心していた。

紡績工場での労働運動は、採用先現地での保護者対策で決まるのだと、このやりとりから私は知った。


綴り方のなかまも、職場や寄宿舎でのお説教、圧力には抗しきれるが、家からの働きかけには、弾圧反対とか、生活記録は何も悪いことではないと言っても、なかなか通じない。

三重県南勢から来ていた綴り方のなかまの一人が、「チチキトク　スグカエレ」の電報で帰ったが、実は「アカの綴り方に入っていて、あれでは嫁の貰い手がないから、やめるように説得を」と、連絡員（募集人）に言われて、父親が娘をニセの電報で呼び寄せたのだった。綴り方グループから抜けると約束すれば、工場へ返すと父親が言っている、というので、出身中学校の先生に、その娘の家へ行って説得してもらおうと、四日市の教職員組合から頼んでもらい、私と同行してもらった。

澤井というすこぶる悪いやつにたぶらかされていることにもなっていたようで、私がその娘の家に行ったら、「あんたが、澤井という人ですか」と、父親は安心したような顔をしていた。

連絡員が家へ使うおどし文句は、「あれでは、嫁の貰い手がない」である。多かれ少なかれ、生活記録をやめない人たちに家から来る手紙には、そうしたおどしに心配した親たちの、「素直な子になってください」「会社の言うことを聞いて、よい子に」とか、中には「澤井という悪い人にだまされないように」といったことが書かれていた。

アメとムチ

あるとき、横山（現・小柳）みのりが、深刻な顔をして、「わしなあ、〃あなたのような頭の良い人が、なんであんなアカの綴り方に入っているのか心配でね、家でも心配しているでしょうし、あなただったら、きっといいお婿さんが見つかりますよ〃と寄宿舎の世話係（舎監）の先生に言われてな、わし、思い切って、綴り方をやめようと思うんだけど……」と、何人か集まった席で話し出した。

「あなたのような頭のいい……」は、これまで言われたことのない殺し文句であり、ふらっとくるのもうなずける。「何言っているの、わしだって、頭がいいって言われたよ……」ほかの人たちも、内心「頭がいい」と褒められ、いい気分でいたが、ほとんどの人が「頭がいい」と言われていたことがわかり、なんのことはない、一同「馬鹿にするな」と怒り、よりいっそう綴り方に深入りするようになった。

こんなこともあった。整理工場の洗絨職場で、私とは反対番の責任者をしていた大学卒の人が、私に頼みたいことがあるという。「工場長に大学卒が集められ、これからは澤井を見習え、廊下などで澤井はすれ違う女子に一五度頭を下げて挨拶している。そのほか、澤井を監視して、澤井が女子になぜ人気があるのかを探れ、まねをしろって言われて困っている。それよりも頼みたいのは、難しい本を買わないでください。澤井はこういう本を読んでいる、おまえたちも読めって言うんだけど、とてもじゃないが読む気がしません、なんとかなりませんか……」

そんなこと頼まれてもどうしようもないが、ほとほと困っているようなので、本については、「迷惑をかけないようにします」と約束し、なじみの本屋を替え、寮の本棚に本を並べないようにした。この頼みを聞いて、私も少々得意にもなったが、素行に気をつけなければいけないとの思いを強くした。

労組役員を辞めていたとき、私は、工場内の風呂場で、試験科主任で労組の副支部長でもある人と一緒になった。「工場長から聞いて来いって言われたから聞くんやが、今度の労組役員選挙に出なかったら、社員待遇を格上げする、澤井はどうするか返事を聞いて来いって、どうするかな」と私は尋ねられた。

現労組副支部長に言われて驚いた。役員選挙に出るつもりは毛頭なかったが、それを聞いて、副支部長に立候補することを私は決めた。そのときは「考えておきます」と返事をしておいた。

立候補締め切り直前に、私は立候補を届け出た。なかまたちは、そんなことを事前に聞いておらず「出るなら、なぜもっと早く言わなかったのよ」と怒られた。出ることに意義があり、当選は二の次であったので、事前に誰にも相談はしなかった。短い期間だったが、なかまたちの運動で、三人の立候補の二番目になり、いずれも過半数に達していなかったので、上位二人の決選投票になり、私が当選した。

社員の格上げのことは気にしてはいなかったが、同時入社の男とともに、私も格上げになった。伝達式が終わり「澤井だけは残れ」と、工場長、課長の四人に代わるがわるお説教をされた。昇格をすることは私にはわかっていた。余程のことがない限り、同期生を一緒に上げないわけにはいかない。アメを前にぶら下げられて、飛びつくなよ、上がるときにはアメをしゃぶらなくても上がるんだから……と、私はみんなに大声で知らせたかった。

それから、例の通勤事務員が、「山さんが工場長に呼ばれて、小使室でひそひそ話をしていたから、山さんを警戒しておいたほうがいいよ」と教えてくれた。案の定、労組代議員会で、それまでは綴り方に文句を言ってなかったのに、理屈に合わない非難発言をするようになった。私は、このときも、「何日の小使室で工場長に何を言われたのか。工員の格上げは、年数がきていたから、何もしなくても上がったんですよ」と言いたかったが、言うわけにはいかず口惜しい思いをした。

生活綴り方活動については、私だけではなく、それぞれに、職場で主任などから綴り方をやめるようにとの説得、圧力を受けていた。みんな、寄宿舎へ帰ると舎監が待ち受け、お説教、圧力を受けるということがあった。なかには、「あの人、この頃おかしいよ、綴り方に出てこなくなって、舎監となんかしてるよ」という話が聞こえてくることもあったが、責めることはしないでおこうと、みんなで話し合っていた。男性も、「おれなあ、もうもたんで、綴り方から引かせてもらうで、悪く思わんでくれな」と離れていく者もいた。みずから進んで他工場へ転勤する者もいたが、こちらからは非難しないことにした。革命をしているわけではないし、工場内での圧力に抗するのは大変である。非難などできない。

会社と労組幹部の共同謀議

生活記録活動への決定的なムチは、一九五四年六月、『母の歴史』出版企画に対して起きた。鶴見和子さんは私に手紙を出された。しかし、その手紙は今も私の手もとにはない。会社が私に渡さなかったのだ。

八月に、秋田で作文協議会があり、私は有給休暇をとって参加した。鶴見和子さんに会うなり、「なんで返事をくれないのよ」と言われてわかったのは、光文社と河出書房が生活記録の本を出すと言ってきた、カッパブックスのほうは、全国から作文を集めて編集する、河出新書は、生活を記録する会の綴り方だけで編集する、河出書房の企画のほうがいいと思うが、みんなで相談して返事をほしいとの手紙であった。

作文協議会へは、私は労組役員を辞めていたので個人で行った。労組の文化部長をしていて、一緒に劇をやったことがある和君が「僕は労組で行くようになったので、一緒に行ってほしい」というので、その通りに受け取って、私も行ったのだった。中野重治さんや国分一太郎さん、鶴見和子さんと話をする時も、彼は私の側にいた。しかし、会社に帰ってから、その一部始終を彼は工場長に報告していた。

八月中頃、大阪の本部役員たちが、私が住んでいる寮に集まって来ていた。いつもだと、顔を合わせれば挨拶くらいはするのに、私と会いそうになると、顔をそむけていく。おかしな連中だなと思った。

あとでわかったのだが、鶴見さんから私への出版企画に関する手紙を読んだ工場長が、これは大変なことになると慌て、大阪の労組本部委員長に、出版を食い止め、あわせて澤井解雇をスムーズに行なう方法を考えてほしいと頼み、それで役員たちは集まっていたとのことだった。市内の料理屋での会合もふくめ、本部・支部の労組の役員が謀議にかかわっていた。

東亜紡織で、会社にとっても労組（御用幹部）にとっても〝ガン〟なのは、楠工場の訓覇《くるべ》也男《またお》と、泊工場の澤井、とされていた。

訓覇さんは、勤労課の主任（非組合員）に栄転（?）させられ、共産党対策の業務に就かされていた。訓覇さんは、共産党細胞の女子従業員に、こっそり「お前たちを取り締まる役職に就いたから、目立たないようにしろ」と保護していたが、当の細胞従業員のほうが、会社から「お前は共産党だろう、調べはついているんだ」とカマをかけられ、自ら認めてしまい、さらに、訓覇さんも知っている、としゃべってしまった。訓覇さんは会社からクビを言い渡された。

楠工場のサークルの人たちは、組合幹部に、訓覇さんの解雇反対を訴えたが、訓覇さんはもはや非組合員だから関係ないと断わられた。そこで、楠工場の人たちは、ある朝、寄宿舎で一斉「寝トライキ」に入った。会社は訓覇さんの解雇を撤回した。

訓覇さんは、自分から退職するから、二度と寝トライキはせんでくれとみんなを説得し、退職後には、四日市市職員になった。

訓覇さんの次は、私・澤井である。下手な首切りをして、楠工場の二の舞になってはいけない。八月末頃、彼らは、就業規則の細則に「賞罰審査委員会」があることを見つけ、これでいけるとなった。労使同数の委員で、可否同数の場合は、委員長である工場長が決済するとある。これなら、労組側は安心して澤井解雇に反対ができる。会社側は解雇賛成で、同数となったところを、後日工場長が決済することになる。

懲戒解雇理由は、「職場の責任者でありながら、偽の理由で有給休暇をとり、秋田の作文協議会へ参加し、生産に支障をきたし、会社に多大な損害を与えた」となった。

この事態に私は、三重県地方労働委員会会長の弁護士へ相談に行った。「こんなことでクビは無理。それでもクビになったら地労委に救済の申し立てをしなさい。解雇無効の決定を出してあげるから」と言ってくれた。

一方、綴り方なかまが中心になって、職場で、寄宿舎で、時間を決め、一斉に澤井解雇反対の署名活動をやってくれた。半数以上の署名が集まり、綴り方グループとはなんのかかわりもなかった中年男子が代表をかって出て、工場長に「従業員の過半数以上は澤井解雇に反対だから、これを参考にして解雇しないでくれ」と、署名を提出してくれた。うれしかった。

その前に、工場長は不安があったのか、私に自主退職させようと方策をめぐらしてもいた。直属の上司である工務課長に、「澤井対策」を命じた。工務課長は、私を試験科から整理科に異動させ、毎日日記を書いて見せろと指示した。何のために書かせるのかは言わなかったが、日記を書くのはお手のもの。この場合は、ありのまま、正直に書く生活綴り方ではなく、〝作文〟でいった。気に入られるようなことを考えて、せっせと書いた。なぜなら、それが仕事だから。

二カ月目に入ったころ、「試験科へ戻ってよろしい」となった。「工場長から、澤井は危険な男だから、よく観察してまともな男にしろと言われて、手もとに置いて、日記も書かせたが、お前は共産党ではないとわかった。工場長にもそう言っておく」と聞かされた。なんだ、そんなことだったのか、と得心がいった。おれって、そんなに大物なんかな、と内心、少々得意でもあった。

いよいよ私が懲戒解雇というとき、この工務課長は「わしは最後まで反対したが、君を守れなかった。この上は、懲戒解雇となると、あとの就職に悪い影響が出る。退職願いを出してもらえれば、わしが責任をもって自主退職にするから、そうしたらどうか」と、心底私のことを思って言ってくれた。こういうのには私もほろっとくるが、それでも「うん」と私が言わないので、浜松から父親を呼び寄せ、私を説得させようとした。

親父は、「おまえの判断にまかすが、おまえを信じてくれている人たちがいたら、その人たちを裏切るようなことはするなよ」とだけ言ってくれた。私は、「多くの人たちが、解雇反対に署名してくれている。がんばれとも言ってくれている。なんとしても、自分から辞めることはしたくない」と言ったら、親父は工務課長に「息子は辞める気はないと言っているので、親として息子のしたいようにさせます」と言って、浜松へ帰っていった。うれしかった。

この工務課長については後日談がある。私が地区労の事務所勤めをしていたところへ、その工務課長夫人が訪ねて来た。「夫が、あのあと楠工場へ転勤になったのですが、澤井さんのことをずっと気にしていて、すまんことをしたと言っていました。その夫が先日亡くなり、会社は早いうちに社宅を出るようにって言うんですが、いまのところ行き先がありません。それで、澤井さんのことを思い出して相談に来ました」

大変困っているようだった。私が解雇されたとき何かと世話をしてくれた、教職員組合役員の高臣亮祥さんが、その頃、楠町長をしていたので、高臣さんに相談したら、住み込みの保育園用務員さんの欠員があるからと引き受けてくれた。

懲戒解雇

九月一五日、私は「懲戒解雇」の辞令を工場長から渡された。勤めだして九年が経っていた。

労組の代議員会は、「もし裁判闘争をするのであれば、資金カンパはしないが、弁護士の斡旋などの精神的援助をする」と決めた。

地労委会長の弁護士のところに、クビになったので地労委への申請をしたいと言うと、「先日はああ言いましたが、これは簡単にはいきませんよ」と、先日まではまるで反対の応対で、代理人も引き受けられないと言う。この間に会社からの接触があり、訴訟の時には会社側の代理人になることが決まっていたのだった。

大阪本社の社員で、私の知らない人から電話があった。「工場長が本社へ来て、津の裁判官を買収する資金を出してほしいと言って来たが、本社ではそんな金は出せない、工場で解雇したんだから、工場の責任でやれと返事していた。なので、本社が大阪だから、津の裁判所ではなく、大阪の裁判所に提訴したほうがいいですよ」と教えてくれた。私はその見ず知らずの人に感謝した。

弁護士については、四日市の教職員組合が相談にのってくれ、日教組から大阪総評へ話が行き、関西大学の非常勤講師で、労働事件での第一人者と言われていた弁護士に代理人をしてもらうことになった。

訴状は早いうちにできあがった。訴状を出すときには連絡すると弁護士から言われていたが、半年ほど経った頃、工場内で、どうやら澤井は裁判をあきらめたようだと、うわさが流れていると聞いた。

河出新書『母の歴史』は、私が解雇になった年の暮れに、木下順二さんと鶴見和子さんの編纂で出版された。

鶴見さんは私のことを心配してくれ、木下順二さんと日高六郎さんとともに、弁護士に会い、どうなっているのか質してこようと言ってくれた。私は、鶴見さん、木下さん、日高さんと、大阪の弁護士事務所に行った。弁護士のほうは、私がこんな有名な文化人と知り合いであることを知り、訴状を出すのをためらっていた一部始終を話してくれた。

私に代理人を依頼されて以来、弁護士のもとには、主に全繊同盟の本部役員と、『繊維レポート』の記者がたびたびやって来て、「澤井がもしも裁判で勝って工場へもどって来るようにでもなると、東亜紡織だけでなく、全繊同盟にも悪い影響が出て、大変なことになる。なんとか裁判にならないようにしてほしい」とか、「澤井は名うてのワルで、代理人を引き受けられた先生にも傷がつく」と、人を変え、何度も言ってくるので、一体澤井っていうのはどんな男なのか、しばらく様子をみようと控えていたと言う。しかし、私がこうした文化人に助けられていることを知り、自分が全繊同盟の幹部などにたぶらかされていたことがわかった、なので、すぐにでも、「訴状」を出します、きっと勝訴するようにやります、と約束してくれた。

裁判は、地労委会長の弁護士が被告会社側の代理人で、原告（澤井側）の弁護士とは、法廷内のふるまいに明らかに差が出ていた。

傍聴席では、本社と工場の課長たちと席を同じくして、本部・支部の労組の役員連中がいて、私の側には、毎回、四日市の教職員組合委員長と、綴り方グループのメンバー二、三人が交代で休暇をとり、傍聴に来てくれていた。

　ときには、その頃ともに芝居づくりをしていた、劇団三期会（現・東京演劇アンサンブル）の人たちや、木下順二さん、日高六郎さんも傍聴に来てくれ、そんなときは、弁護士が、わざわざ裁判官室へ行って、多忙な有名文化人が来てくれているので、時間通り審理を始めてくださいと言いに行き、最前列の傍聴席に、木下さんたちが座るようにしていた。

　原告側の重要証人は、三宅昭夫さんで、証人席に立ったとき、弁護士が「傍聴席には、会社側の幹部と労組の幹部が一緒になって、ようけ詰めかけているが、それでも本当のことが証言できるか」とあえて質問した。三宅さんは「はい、本当のことを話します」と、堂々と証言した。

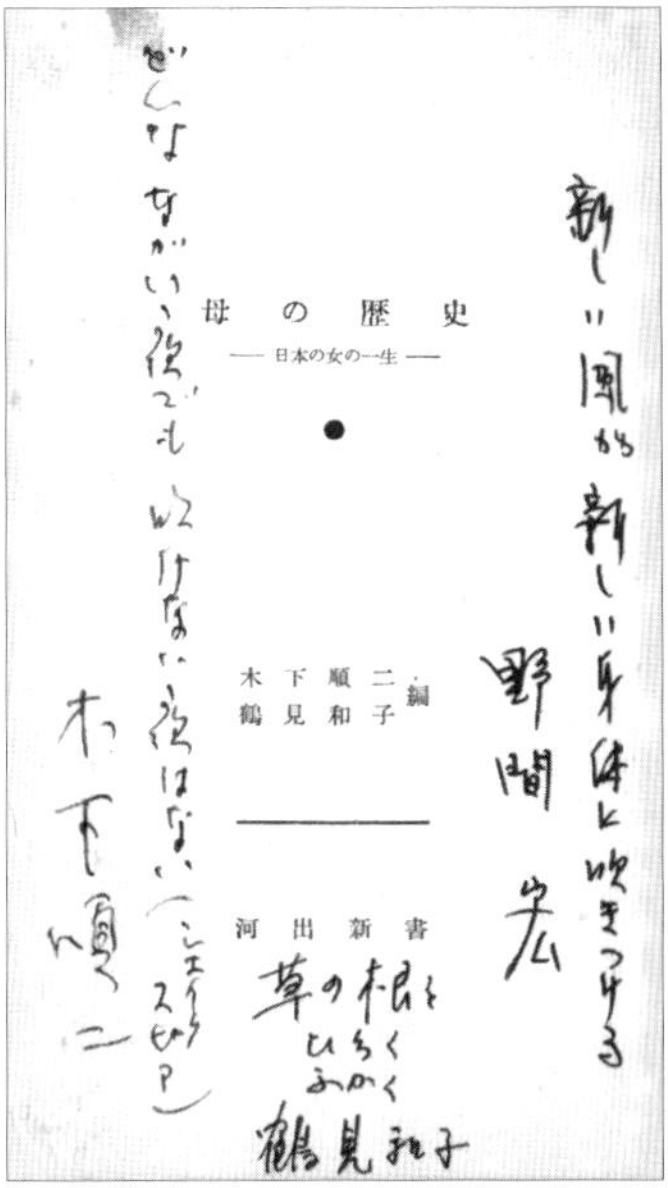

　私が本人質問されるときには、鶴見和子さんが来て下さって、「会社の弁護士は意地悪い質問をして、おかしな発言をさせようとするから、どんなに意地悪な質問をされても、絶対に怒ってはだめよ」と証言台に立つまで、くどいくらいに注意してくれた。

　判決日が近づいたある日、「相談があるから事務所へ来るように」と弁護士から連絡があり、出かけた。近鉄電車の急行に乗り、国電に乗り換え、中之島近くの法律事務所へ行った。

「大阪地裁の判事が来て、判決前に和解してほしいと言ってきた。担当判事ではなく、泊工場の事務課長とは東大の同級生で、彼に頼まれたって言っていた。和解金は百万円単位だそうだ。どうする」

それを聞いて「勝った」と私は思った。判事である以上、担当外とはいえ、判決内容を聞いてのことだろう。多額の和解金にはとんと目がいかず「判決を待ちます。和解（自主退社）はしません」と私は答えた。弁護士は「こんな大金は判決後とか、高裁後では出ないが、それでもいいのだな」と言ったが、「金よりも復職したいです」と私は答えた。

塹壕戦

私の裁判の判決の頃には、労働組合の幹部は、「生活を記録する会は、組合の分派活動だから解散せよ」との勧告まで出して、敵対してきていた。しかし、綴り方グループは、鶴見和子さんが教えてくれた、中国の魯迅が許広平に宛てた手紙の中の「塹壕戦」――敵が鉄砲をどんどん撃ってくるときには、塹壕の中でじっとしていて、ときどきこちらも空に向けて鉄砲を撃つ――そうしたふんばりで耐えた。

生活記録のなかまたちは、各職場から特設の「第二補修職場」へ集められ、「思想教育」を始業前に受けて仕事に就かされていたが、なかまが集められた職場だから、会社の思惑とは違い、明るい雰囲気で、一生懸命やろうと思わなくても、優秀従業員の「第一補修職場」よりも生産が上がって、これには会社も困ったようだった。

その頃、繊維不況が起きていて、泊工場でも、紡績業界特有の「操業短縮・一時解雇」が行なわれることになった。工場では、希望退職者数が予定人員に達しないので、労使は「指名解雇」を決めた。当然のように綴り方なかまの大部分が「指名」された。「半年後に再雇用することを労使で協定している」と労組幹部が言うので、その協定書を見せてほしいと要求したら「本部にあってここにはない」と言う。

〝紡績の歴史は操短の歴史である〟と言われていた。「操短」（操業短縮）で、一時解雇します、半年後には再雇用するから、それまでは失業保険（六割）をもらって過ごしなさい、と言いながら、その間に、「いま退職したら、退職金が増額される」と言って退職届けを書かせて辞めさせ、給料の低い新人を雇い、会社は利益を上げてきた。「操短」は首切りの手段だった。

指名解雇された綴り方のなかま二〇人余は、こんなことでは、解雇と同じ、村に帰るわけにはいかないと、いつも使っている市立労働会館に立てこもる勢いで、鶴見和子さんに電話でこのことを話すと、「私は手の離せない用事で行けないので、誰か行ける人がいたら夜行で行ってもらうから、それまではおとなしくしていなさい」と鶴見さんから言われた。

あくる朝、早い時間に、木下順二さんと日高六郎さんが来られ、会社と労組役員に会い、「半年後、必ず再雇用します。帰休の間に退職干渉はしません」を約束させ、待ち構えていた記者団にその旨を発表、翌日の新聞にお二人の写真入りでの記事が出た。労使協定よりもこの記事のほうが強制力がある。

この帰休中に私の裁判の地裁判決があり、「解雇撤回」となったが、会社は「控訴する」とした。鶴見さんから、「これからどうするか、専門の先生にも来ていただいて相談をするから、判決文を持って東京へ来るように」と言ってくださったので、私は三宅昭夫さんと上京した。木下さん、日高さん、鶴見さん、教育大の磯野誠一さん、劇団・三期会の広渡常敏さんのほかに、労働基準法制定で中心になられた松岡三郎先生が来られていた。松岡先生は、判決文に目を通されて、「高裁でも十分に勝訴できますから、自信をもってやりなさい」と言ってくれた。

操短で一時帰休していた上伊那・下伊那組のなかまには電報で、私は「勝訴」を知らせておいた。綴り方なかまの一人で、労組本部の書記長と結婚していたなかまからは、「だんなは、困った、困ったと言っていますが、私は、澤井さんが勝って本当に良かったと思っています」と手紙をくれた。

その日の夜行で、私は東京から伊那市へ向かい、東京でのことを話した。

「会社が控訴するんだったら、高裁でもがんばろうに……」。私はなかまの言葉を聞いて意を強くしたが、「わしらはな、澤井さんが工場へ戻ってくるまでは、結婚しないで待ってるでな」となかまが言ってくれたり、三宅昭夫さんが自分の郵便貯金通帳と印鑑を出し、「これを使ってがんばってほしい」と言ってくれるのを聞いて、一転、私は、これ以上続けてはいけないと悟った。「判決で会社にも、労組にも勝った。私たちの言い分が正しかったことの証明でもある。会社は控訴すると言っているが、もし和解したいと言ってきたら、和解してもいいかな」と私がみんなに言うと、沈黙が続いたあと、唐澤和子だったと思うが「そうだよ、勝ったんだから、和解してもいいと思うよ」と言ってのけた。中心グループから少し外れたところにいた和子だから言えたと思うのだが、しばらくして、「そうだな、そうするか」となった。翌日、下伊那の集まりでも、同じ結論になった。

判決後の和解に、他工場の人たちから、「なんで和解などしたのか」との批判、非難を受けたが、結婚適齢期を過ぎようとしているなかまの親御さんたちに、これ以上の心配はかけたくないと思ったのと、なかまたちが自分のこと以上に私のことを心配してくれていた事実を前に、「勝った」事実を大事にすることで報いられる、と私は思ったのだ。

ただ、申し訳なく思ったのは、裁判中、会社は三宅昭夫さんに手をつけられないでいたが、裁判が終わったとたん、辞めさせることをねらって、泉大津工場へ転勤させてしまったことだ。今も、そのことについて、私は三宅さんに迷惑をかけ申しわけなく思っている。

母の歴史を繰り返さない

娘たちが村へ帰ることが現実の問題になった。生活記録運動をしたばっかりに、村のことがわかり、娘たちは、農家の嫁にはなりたくないとの思いを強く持つようになっていた。こちらでは、蛇口をひねれば水もお湯も出る。伊那では雪降りのなか、外にある井戸の釣瓶で水を汲まなければならない。

そうした思いを、劇団三期会の役者さんたちと、紡績の娘たちとで、芝居『明日を紡ぐ娘たち』にすることになった。

台本づくりで問題となったのは、「サークルの中の恋愛」と「村へ帰ること」だった。

工場の中で恋愛・結婚すれば、貧しい村へ帰らずにすむ。しかし、紡績工場では、圧倒的に男子は少数。サークルのなかま内でもカップルが三組でき、六人はうれしい毎日だが、そうでない多くのなかまはおもしろくない。いさかいも生じ、サークルの危機となった。近くの湯ノ山へキャンプに出かけることになったが、雲行きが怪しい。両者が衝突ということになれば、サークルは瓦解する。

そこで、私は一計を立てた。生活記録運動で大切にしてきた「概念砕き」を使った。つまり、若者が恋愛することは良いことだ、ましてやサークルのなかま内で結ばれたのだから、なかまで祝福しなければならない、だけど、結ばれぬなかまのことも考えて恋愛組には、祝福のこけしを贈るので、男は女の、女は男のこけしを持って、二度に一度はそのこけしを代わりに見て会うのを我慢してください、とみんなの意表をついてこけし贈りをした。芝居でも「こけし贈り」のことを使った。

文化サークルで『リア王』を上演。泊工場演芸場の裏手で。後列右・筆者（1951年）

木下順二さんとの話し合いのあと、四日市労働会館玄関前にて。後列右・木下順二さん。前列中央・筆者（1956年7月）

工場退社後の第1回目の伊那の集い。一番手前・筆者（1965年1月3日）

「村へ帰る」ことについては、「五〇年生きるとして、女子労働者として工場で働くのは長くても一〇年、あとの四〇年は村で生きることになれば、みんなは労働者というより、農民の百姓娘なんだ。労働者として、あるいは生活記録運動で成長してきたんだから、帰りたくなるような村にするようにがんばろう」と、「進歩的百姓娘」の考えを打ち出した。

また、「母の歴史を繰り返さない」ように生きようと、芝居は、村へ嫁に行ったなかまの嫁ぎ先をみんなで訪ねて行く場面で終わることにした。最後は、村に戻ったなかまのセリフで幕となる。

「二〇年経ったら、私の娘が紡績に働きに行く。サークル運動をやるなとは言わない。母の歴史は繰り返さないよう、私はがんばるのえ……」

現実にも、「あーあ、私もついに村へ帰ることになっちゃった」となっていった。しかし、それは、あきらめではなかった。芝居のセリフは、現実の娘たちそれぞれの決意を表す言葉でもあった。

逮捕

一九六〇年四月、四日市の地場産業・万古焼き工場で労働組合の結成があり、私は地区労事務局員として毎日のように現地へ出向いていた。会社は宗教ではないと言うが、モラロジー（最高道徳）というものを近江綿糸の仏教のように従業員を感化する手段に用いていた。労組が結成されて、これで万古焼労働者も人並みになると思っていたところ、全繊など反総評の同盟の常套手段なのだが、総評が労組を結成すると、同盟は会社と取り引きして第二組合をつくり、御用組合化する、ということをここでもやり、万古焼き工場の第一組合は弱体化した。

その争議には、奈良から大日本愛国党の右翼を会社が呼び、支援する私たちも、身の危険を感じる闘争となった。大日本愛国党が、現地に初めてやってきたとき、まず口にしたのは、「訓覇《くるべ》はいるか（地区労議長）、澤井はどいつだ」で、「お前の身柄をあずかる」と私は拉致されたので、「ちょっとトイレへ行かせろ」と言って、トイレの窓から私は避難した。

争議では、第一組合がストライキに突入すると、第二組合が「操業する」と並んでやってきた。第二組合の先頭は、なんと、泊工場の支部長と、サークルで一緒に活動していた原君である。こちらは東亜紡織を追い出された訓覇と私が先頭で待ち受けた。彼らは、近づいてきて、訓覇・澤井を見つけるなり、くるっとまわれ右をした。原君は私に、「同盟の方針で来ただけ、悪く思わんでね……」と言っていた。

私は、この争議で逮捕された。黙秘したからか二三日間、警察と津拘置所に拘留された。よくはわからないが、高い塀の外で黄色い声がすると、看守がこちらを向いて並び応答しないように監視した。出所後にわかったのは、拘置所の横を流れている川の橋から「澤井さん、がんばれ」と、綴り方グループが声援に来ていたということだった。

刑事裁判は、津地裁で五年続いた。私の罪状は、右利きなのに、左手で柔道八段の守衛長をなぐり、一カ月の重傷を負わせたというもの。事実は、私がその守衛長に突き飛ばされ、それを「暴力はやめろ」と抗議した男（県労協）にも、守衛長は暴力行為をするので、万古焼き工場労組の役員が社長宅へ、暴力をやめさせてくれと言いに行ったら、その三人が「暴行・傷害」と「住居不法侵入」の罪で、逮捕・起訴となったのである。

この裁判中に、私はこの争議のほかに、「公職選挙法違反事件・法定外文書配付」の罪名が付け加えられた。地区労が総選挙の際、社会党と共産党の候補者を推薦した文書を配布したのは公選法に違反するというもの。

私は、配布にはかかわっていなかったが、津検察庁での取り調べで、社会党市議二人の供述調書に「責任は自分にもあるが、実際のことはわからないので、澤井に聞いてくれ」とあったということだった。自分で配っておいて澤井に聞けとは、ひどいもんだと思い、「私は配っていないからわからない」としか答えられない。

三日目に検事が、「地元の警察は、議員バッジをつけていると検挙してこない。お前ではないことはわかった。これから帰ってその市議二人に、どうするか相談して来い。市議を引っ張ることにするから……」と言われ、市議にこのことを伝えに行ったら、「そうしてくれてもいい」とは言ったものの、本心はそうではない。あくる日、検事に、「もう私にしてもらっていい」と返事したら「そうか、被っておくか」で罪名が増え、あとの二人と同じく罪名が二つになった。

刑務所入り

逮捕は一人住まいの借家で、朝早くされたのだが、逮捕状の逮捕理由に「暴行傷害」とあった。小林多喜二の小説などから、逮捕されるときには「思想犯」みたいなことを想像していただけに、これでは暴力団ではないか、馬鹿にするなとの思いが募り、私は黙秘で通した。

前々日、私は沖縄返還要求デモで風邪をひき、休みをとっていたので、私一人逮捕されたことが誰にも知られていなくて、弁護士が警察へ来て、はじめて判明した。弁護士は「保釈申請をするので、完全黙秘ではなく、住所と氏名だけは言っておいてください」と言うので、そうした。

津地方裁判所での審理は、「名張毒ぶどう酒事件」で無罪判決を出した小川判事で、五年かかったが、ある時、被告が一人出てこない、電話をしたら「忘れていた、今から行く」と一時間以上開廷を待ってもらったりした。

ある時には、開廷時間になっても判事が出てこない。廊下から裁判長が「澤井君ちょっと……」と呼ぶので被告席を立って廊下へ行った。裁判長は『青年教育』の本を持っていた。「君はこの本を知ってるな」と聞くから「紡績工場でやってきた生活記録活動を書いた私の文章が載っています」と答えた。「この本をある大学の先生が持ってきて、澤井は裁判にかけられるような悪いことのできる人ではない。この本の澤井の書いた文章を読むようにって……、君がその先生に頼んだのか」「いいえ、知りません、その先生の名前を教えてください」「頼んだのではないのなら、名前は言わんでおくが、けっこう上手なことを書いているな」と言っていた。

こんなことがあってか、地裁判決は、執行猶予がついていたが、三人のなかで私は一カ月少なかった。

執行猶予がついても「有罪」には違いない。対策会議をしていると、やけに詳しい人がいる。「おれは澤井君の後ろから守衛長を蹴ったった、こうやってな……」と言う者もいて、名古屋高裁へ控訴するにあたって、今さら被告人を代えられないので、その役員には証人で出廷してもらうことにした。

当日、一緒に四日市を出たが、裁判所には現れず、その役員の証人を取り下げた。「怖くなったから」とあとで言っていた。そういえば、三人の逮捕時、自宅にはいないで、旅館を転々としていた人が何人かいたことも後日聞いた。


名古屋高裁の判決は実刑で、最高裁へ上告したが、一九六四年一二月二四日、最高裁の却下判決によって、懲役三カ月が確定し、津刑務所に収監するとの通知が検察庁から届いた。

この頃、綴り方なかまのほとんどは、結婚退社などで四日市にはいなかった。退社後、それぞれのその後を確かめ合うために、〇と五のつく年に伊那で集まることをみんなで決めていて、翌六五年一月三日に第一回の集まりを下伊那でもつことになっていた。

しかし、私は収監されるため、この集まりには参加できない旨を連絡した。ところが、三人の弁護士のなかで一番若い名古屋の弁護士さんが、検察庁にかけあって、クリスマスとお正月を自宅で、その後に収監、と延期にしてくれたので、私も伊那の集いに参加できた。「もう脱走したの？」と言われもした。

一月から四月にかけての三カ月は寒くて大変だった。「三カ月なんてのは、右、左を向いていたりしたら、すぐに経ってしまう。作業場へ行くこともないから、寝起きの房で適当にやっとれ」と看守が言うので、私は薬袋や果物袋を糊で貼る仕事を房内でしていた。受刑者が二人になると独房になり、三人以上になると雑居房の繰り返しで、同室になった暴力団員は「三井三池のような争議が起きないかな……」と言う。なぜと聞いたら、「刑務所に入っていたが、仮釈放で三池へ行って第一組合と渡り合った」と言っていた。

保護司は受刑者と自由に面会できるので、訓覇さんが保護司になってくれて、ときどき面会に来た。面会室はストーブのある部屋で暖かいのだが、面会が終わると火の気のない房で、寒暖の差が激しく、面会は良し悪しであった。保護司では、訓覇さんのほか、四日市で平和運動をともにやっていた婦人保護司が二人で来てくれて「どう、気分は。何も悪いことをしたわけじゃないし、この際、ゆっくり過ごしなさいよ」と気楽なことを言い、立ち会いの刑務所職員が苦い顔をしていた。

保護司以外との面会は月一回許される。税務署員をしている弟が面会に来たとき、弟が立ち会いの看守に聞かせるように、「兄さんが刑務所から出て来るのを週刊誌の記者が待ち構えていて、『獄中記』を書いてもらうと言っている。それと、刑務所の扱いがひどいようだから、総評が抗議を起こすと言っている……」などとでたらめを並べ立てたので、あくる日の朝、ついぞ見かけたことのない刑務所長が来て「何かしてほしいことはないか」と毛布を差し入れ、食事の量も増やす、面会と手紙も月二回にするなど待遇改善してくれた。それまでの待遇は、生活記録のことなどが受刑者記録に記載されていてのことだろうと思った。

この間、高齢の親父が四日市へ行くというのを、「余志郎は長い出張に出ているから、四日市にはいない」と、まわりは三カ月間だますのに苦労したようだ。その点、お袋は強いようで、兄がお袋には、私の刑務所入りを話していた。刑期を終えて私が出て来るとき、お袋は刑務所まで兄と迎えに来ていた。何も言わなかったが、ねぎらってくれているのがわかった。

最後の嫁入り

綴り方なかまでは、横山（現・小柳）みのりなどの三人が最後の退社となった。

当時の国鉄四日市駅前の私の下宿に、その三人が着物姿でやって来た。「どうしたんだ」と聞いたら、「わしら今日で退社することになってな、これまでさんざん、アカの綴り方なんかやっていたら、嫁の貰い手がないって言われてきたやろ、それで、着物を着て大事務所へ行って、私ら結婚退社しますって挨拶してきたんやわ。すーっとしたわ」と晴れ晴れとした顔をしていた。

大変愉快な話で、そのときのことを想像して笑ってしまった。本当に良かったと私はうれしくなった。

みんなが四日市を離れてからも、五年ごとに伊那で集まりを持ってきた。第一回の集いのときに、登内（現・伊藤）つね子は、小さな子どもを連れて「離婚されてもいいで、わしは集いに行くって出てきたのえ」と、悲壮感をただよわせていたが、二回目からは、楽に出てこられた。なかには、旦那が会場へ送ってくれる者もいて、私は安心した。そのほか、結婚式後の旅行途中に四日市へ寄り、「どうえ、わしの旦那は……」と言う者もあった。

なかには、結婚式寸前に、親戚が決めた結婚をきらい、家を飛び出し、愛知県で保育所の保母さんになった者もいたが、その後、彼女が伊那で見合いした相手が、正月の「紡績の娘と村の青年との集い」に二年続いて出席していた青年団長で、晴れてゴールインとなったカップルもいた。

みんな、「母の歴史を繰り返さなかったのえ」と言いたげなふうである。

会社と労組幹部に、さんざんいじめられたりして、ひどいめにもあったが、「綴り方を続けてきたから、今の自分があるのえ、綴り方をやらないほうが良かったなんて思ったことはないよ……」と、みんなが言うのを聞くと、私もほっとする。

「生活記録活動をしていたら嫁の貰い手がない」との会社側のおどしは通用しないばかりか、生活記録があって、その後の結婚生活が良いものになっている、と私は今では思っているし、信じている。

2. くさい魚とぜんそく

石油化学工業の町へ

「生活を記録する会」のなかまが四日市を去って行った頃、四日市の主産業は、漁業と紡績から石油化学工業へと様変わりしていった。

塩浜地区に建設された第一コンビナートが本格操業した翌年の一九六〇年三月、東京・築地の中央卸売市場は「伊勢湾の魚は油くさいので厳重検査する」と通告、四日市市で水揚げされた魚は、キャンセルや買いたたきにあった。また、翌六一年の夏ごろからは、おかしな咳が続くぜんそくが、第一コンビナートと鈴鹿川を隔てた向かい岸の磯津地区で集団発生していた。

これが、〝くさい魚とぜんそく〟の四日市公害のはじまりだった。

第一コンビナートが建てられた塩浜地区は、もとは水田地帯だった。太平洋戦争開始前の一九三九年、海軍が強制的に買い上げて燃料廠にしていたのだが、四五年六月の米軍による空襲で炎上し、戦後は焼野原になっていた。

鳩山一郎内閣のときの五五年三月、焼け跡だった六〇万坪・二〇〇万平方メートルは、「昭和石油に払い下げ、三菱・シェルグループによる石油化学コンビナートと連繋させる」ことが閣議決定され、のちにそれらの石油化学企業に払い下げられた。

一九五二年一月からは、三菱モンサント化成が操業を開始。ほか、五三年七月からは、三菱化成工業が、五五年一二月からは、中部電力三重火力発電所が、五八年四月からは、昭和四日市石油・四日市製油所が、そして、石原産業は四一年一月から（当初は銅製錬などで）操業を開始。塩浜地区の第一コンビナートは、六〇年三月から日本初の石油化学コンビナートとして本格操業を始めることとなった。

公害反対って簡単に言うな！

一九六六年七月一〇日、公害認定患者の木平卯三郎さんは、自宅で首をつり自殺した。「死ねば薬もいらず楽になれる」との遺書を残していた。

木平さんの自殺を受けて、革新陣営で構成する「公害対策協議会」（公対協）は、「木平さんの死を無駄にするな」と、追悼と抗議の市民集会を開催した。

そのとき、三重県立塩浜病院の空気清浄病室（二四ベッド）に入院中だった漁師町磯津の漁師、中村留次郎さんは、病院を抜け出して集会に参加し、「弱い者は束になって死ねと言うのか」と訴

磯津の町とコンビナート（1971年8月）

えた。

中村さんは、ぜんそくの苦しみを知らない私たちにがまんできないようだった。私に「公害反対って簡単に言うな。公害反対を言うのやったら、ぜんそく患者がどれほど苦しんどるんのか、本当のことを知ってからにせい」と強く言われた。

私は、生活記録運動で、「概念砕き」だとか「ありのままを大事に」と言ってきたのに、公害の被害者の実態も思いも知らないで、現象面だけで公害反対だと言っている自分を恥じた。

ぜんそくは、非特異性の病気で、どこにいても起こる病気だが、四日市ぜんそく患者の多くは、四日市を離れると発作が出ない。磯津漁港から沖合に出ると、やはり、そこまではコンビナートからのガスは届かない。なので、塩浜病院の空気清浄病室に入院中の漁師は、朝三時ごろ当直の看護婦さんに起こしてもらい、病院から漁に出ていた。

「わしらは空気清浄病室に入院させてもらっているけど、夜中過ぎから明け方になると、あちこちの病室で発作を起こして苦しむ患者と、発作止めの注射を打つのに忙しい看護婦さんとで大変なことになる。わしのベッドの横で一晩、そういうのをよう見とれ」。中村さんは言った。四日市ぜんそくの発作は、夜中過ぎから明け方に多い。息を吸うのも苦しいが、吐くのは吸うより一段としんどい。しかし、そのころ、私はぜんそく発作を目にしたことはなかった。

そこで、夕方、私は35ミリカメラと8ミリカメラ、録音機をもって塩浜病院へ行った。ところが、医者に「この部屋には二四人分の空気しか送りこんでいないから……」と断られた。そのため、夜一〇時ごろには退散させられてしまった。しかし、空気清浄病室のあちこちで、ぜんそく発作の苦しさにのたうちまわる患者さんを見た。公害反対の概念砕きをしたような思いを持った。

そして、生活を記録する会のなかまたちだったらどうしただろうか、やはり、公害についても、書き、考えることをしただろうなと思った。

「いつも〝なぜ〟と考える、自分の考えをもつ人間になろう」

「見たまま、聞いたまま、思ったままを、ありのまま、飾らずに、自分の言葉で書こう」

「書いた綴り方を、仲間たちで読みあい、話し合い、行動しよう」

「行動したことを記録し、まとめ、確かめる、そうする中で〝自己改造〟をすすめよう」

私は、生活記録運動で培われたものを、今度は公害反対運動に活かしていこう、と考えた。まずは、塩浜病院の入院患者さんたちを訪ねることから始めた。

病院へ通い始めたある日、私は、ベッドの横に酸素ボンベを備え付け、呼吸が苦しくなったら酸素吸入をする藤田一雄さんに、「世間に訴えたいことを書いてください」と原稿用紙を渡した。しかし、書いてもらった文章を読んで、「おれはなんと馬鹿げたことをしたものか」と恥じ入った。それは、綴り方運動以前に工場でやっていた文学サークルでの時のような、観念的で中身のない文章だった。まるで訴えが通じてこない作文だった。

磯津通い

私は、病院だけでなく、磯津へも通うことにした。被害者のみなさんと付き合い、そして、公害患者の組織作りの手伝いをしたいと考えたからだ。

しかし、磯津の患者たちの中心的存在だった加藤光一さんを訪ねたところ、いきなり、「帰れ」と怒鳴られた。「選挙になると宣伝カーやビラをまきに来て、すぐにも公害をなくすようなことを言い、選挙がすめば、ビラ一枚まきに来んし、公害もひどくなる一方や。そんな選挙に利用するようなことはしていらん」

私は、地区の労働組合事務所に勤めているけれど、一市民として公害反対のために運動したいのだ、と伝えた。しかし、実際、加藤さんの言われる通りだ。「申し訳ありません」と、私は革新陣営を代表して謝り、その日は帰ることにした。

県立塩浜病院の空気清浄病室に入院している患者の大部分は磯津の住民だった。塩浜地区の中でも、幅三〇〇メートルの鈴鹿川をはさんで、第一コンビナートの対岸にある磯津地区は、とくに被害が大きい地区だった。

コンビナートが創業される以前、伊勢湾は豊かな漁場だった。伊勢湾の魚は、木曽三川の真水と海水がほどよく混ざりあう、豊かな海で育まれたおいしい高級魚として知られていた。

磯津の住民の多くは漁業で生計を立てていたので、くさい魚とぜんそくは、磯津の人々の生活を根底から脅かした。

おかしな咳をともなうぜんそくを、当初は、「塩浜ぜんそく」と呼んだ。鈴鹿川の向こうのコンビナートが何か悪いガスでも出しているのだろうと、磯津の人たちは、ガスを出さないでくれと工場へ言いに行くのだが、第一コンビナートの工場はどこも、「うちのせいではない」「うちじゃない」「隣の工場ではないか」と公害の発生源であることを認めない。市も県も「工場は法規制を守って操業しているし、排煙と病気の因果関係が証明されていない……」と、とりあわない。

それればかりか、当時の市長は、公害に苦しむ漁師や患者に、「漁師をやめて工場へ働きに行け」とまで言い、この発言の翌年には、霞ヶ浦海面埋め立てと第三コンビナート誘致を強行採決で決定した。

公害は激化する一方なのに、さらに磯津の対岸で、昭和四日市石油が大プラント増設の計画を進めていた時だった。

私は、「帰れ」と怒鳴られたその後も、仕事が終わってから、ときどき加藤さんのお宅を訪ねた。ひと月ほど経って、「こんど患者を集めるで、おまんが説明してくれ」と言われるようになった。

その夜集まった五〇人ほどの公害患者さんたちの前で、「この人は市役所の人で、増設反対の署名用紙も役所で作って来てくれた……」と、私は加藤さんから紹介された。そんなことは聞いていないぞ、と思ったが、在所では、学校の先生と役所の職員は職業柄、信頼が高い。なので、この際、経歴詐称は甘んじて受けることにし、弁解しなかった。のちにある患者さんから、「おまんは役所の人って聞いとったが、そうじゃないやろう」「あれは加藤さんが勝手に言ったことで……」「おまんは、ようやってくれるでな、これからも頼むわ」ということもあった。

ガリ版文集『記録「公害」』

磯津へ通い、磯津の人たちと信頼関係を築くなかで、ようやく磯津の人たちから本当のことを聞くことができるようになっていった。くさい魚のこと、漁民一揆のこと、ぜんそく発作や困窮する生活のことなど、ときには、こんなことまで私に話していいのかなといったことまで話してくれた。私は、聞かせてもらった話のありのままをガリ版文集にまとめていった。仲間内で問題になるようなことは、話し手の名前を変えたり、一人からではなく、二、三人から聞いたかのようにした。できあがった文集を磯津の患者さんたちのところへ持っていくと、「まあ、暇があったら読むわな」と、最初は気のない反応だった。しばらくして訪ねると、漁師仲間にも見せたようだった。「わしも結構いいことを言うとるな。やっぱりあきらめとったらあかんな」と喜んでくれた。

公害の発生から五年以上経ち、公害はどんどんひどくなっていたころだった。私に話しているときは、とくに意識していないのだろうが、ガリ版とは言え、文字化されたものを読むと、自分が話したことを客観視できるようだった。書かれている公害のことや自分のことを見直し、「あきらめていたらいけないな」と思い直すようであった。

聞き手の私も、録音テープを少しずつまわしながら文章化し、ガリ切りをする、そういった作業の中で、まさに公害そのものにじかに触れることになった。ガリ切りしながら、私は、あれこれ公害反対の進めかたについて思いをめぐらしていった。

＊

「磯津の漁師で公害患者の中村留次郎さんの話」

会社のやり方は、ガスは夜出して、昼はみなさんが見てるからね、それでためといて、夜出すんですね。夜は風の方向も変わりやすいし、安閑として家で寝ていたらえらい目にあいますわ。病院にいても、朝方には注射二本射ってもらいます。夜中にも一本射って、それでおさえているんです。私だけでなく、みんながそうです。こわいことや……。

三六（一九六二）年一〇月に、突然苦しい発作がきてね、それはいまから振り返ってみれば、各工場が完全に装備ができて、同時に、燃料（石炭から重油）をきりかえたときといっしょですね。私ら、ガスなんか目に見えないからね、あとふた月で五年ですよね。

薬代なんか一〇〇万円近いどこやないですよ。はじまりはね、こんなもの、医学が進歩して結核でも完全に治るというのに、ぜんそくぐらい、どこかのいい病院で手当てしてもらったら治るというので、各自その瞬間に、磯津でも六〇人ばかりが発作をおこしたので、重い人はいきなりみんな病院へ走ったですね。（今村）善助さんなんかでも一等室へ入って家政婦おいたと言うんやでな。

わたしらもはじめ市立病院へ行ってさ、家内を連れて行って毎日介抱させてさ、こんなもの治ると思っていたら、部長回診や、院長回診や、主治医が（その頃は四日市市立病院へ入院）品川っていう人やったが、まあ中村さん、おそらく治りませんなあと言い出したやろ、治らんってどういうわけやと言うたら、いまこのぜんそくだけを治す薬もなければ、注射もない、世界的にそういうものを治すものはありません、ただ発作をおさえるだけですと、こう言わした。これは弱ったもんやなと思っとったが、一時期きびしい発作はおさえてもらって軽くなった

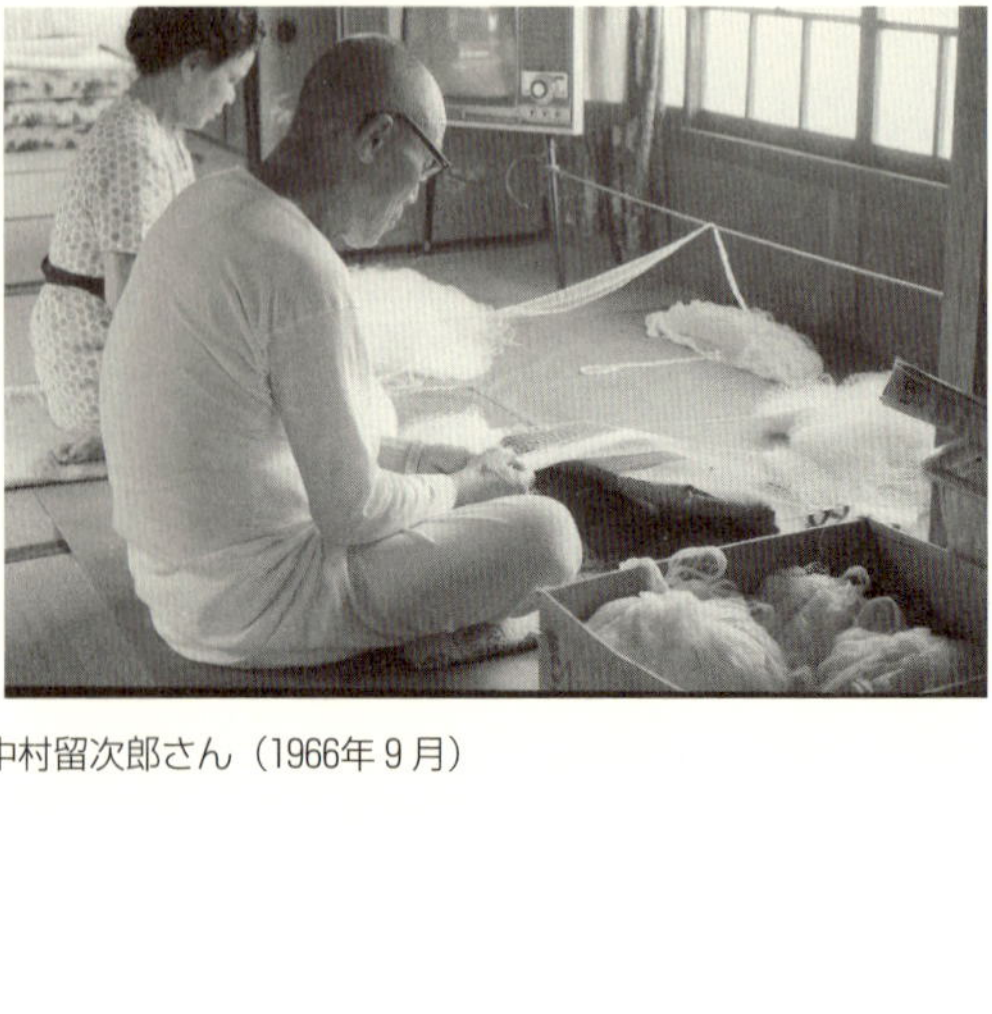
中村留次郎さん（1966年９月）

からふた月ばかりいて退院してきました。

ところが、またきびしい発作がぶっとおしおこるので、また二回、市立へ入院して、こんどは塩浜病院で三七（一九六二）年頃からきびしい薬をもらってね。まだその時分には、（市から）医療費は出してもらえないので、自分の実費ですけどね、国民保険で半額負担で、一週間一二〇〇円ずつですよ。その薬もらって、だいたい一年とふた月ばかり通院して過ごしてきたなあ。

漁業組合の仕事もあるし、なるだけなら磯津の土地離れんと思って、磯津にいる時間を少なくして……。

一年半ほど経ったら、三九（一九六四）年の一月がきたら、まあきびしい発作が再々くるので、磯津の中山（医院）さんも、たのむで入院してくださいと言うし、子どももこれじゃ周囲がもたないからと言うので塩浜へ入院した。

それから出ることができない。はじめは二五日ばかりおって、静養室へ入れられたので、ごうかして、こんなとこ死ぬ五分前に入るとこやと言ったら、ぜんそくでは死なれへんと言ったけど、あんまり気色が悪いので出てきて、また一〇日ほど経って入院して……まだ空気清浄病室ができんときでな。

みんながそうですよ、力がある者、縁故関係のある者は遠いところへ行ってね、半年か一年と、おってくるわけです。おるあいだ絶対発作はおこらないし、体も回復してピチピチになってきますけれど、また磯津へ来ると、一〇日ももちませんね……。

とにかく、あらゆること、シャバの人がいいと言うことはやりましたよ。断食もしたし、座禅も組んだし、人間の焼いた骨がいいというので、それも一カ月ほど飲んだしさ。

新聞やテレビに名前が出るので、全国から手紙がきます。それに必ず、私はこういうふうにしてぜんそくが治りましたと教えてくれます。それを私は必ず、いくら金がかかってもやっておったね……だけど、何したところで治らない。

塩浜病院に入ってからも、米国から二人、若い医者が来て、三〇分以上も診察したが、気の毒やけど治らないと言っとったな。

まあ何したところで、塩浜病院では非常に親切にしてもらってね、こうして夜に注射してもらっては、昼は（家へ）よこしてもらってさ……こうでもせな、長期やでな、いつはてしが来るとも……。

厚生大臣が来たとき話もしたし、市長や知事も骨折っとるらしいけれども、会社側はピリッともしませんよ。

どんだけ、テレビや新聞でやろうが、そんなものこたえませんわ。馬の耳に風だ。「患者のみなさん、あんたたちどうしてみえる。いまわたしんとこ、こうやって設備改善したり、いろんなことしますさかい、もうしばらく我慢してくれ……」というようなね、人間らしい言葉ぐらい、いっぺんぐらい言ってもいいですよ、企業者側もね。そんなもの、あたりまえだと言ってるんですよ。（企業は）わたしんとこはね、来てくれって言ったから来てやったんだ、もっと歓迎してほしいと言っていました。

厚生大臣（園田直）という資格の人が来て、患者とも会ったのは、このあいだが初めてですわ。いままで県知事なんか、こういうこと（公害）騒がないように、はじまりはうんとおさえておりましたよ。

ああやって、産研（塩浜病院内に同居、三重県立大学医学部付属産業医学研究所）の先生でも、吉田克巳先生（三重大医学部教授）でも、いろんなこと発表されますとね、工場側からの牽制の言葉が知事にいったらしいね。

とにかく、もういまとしては、もう隠しておれないし、その責任は、知事、市長ね。当然そうやって、いま言うとおり、（工場に）来てもらったんだから、条件つけて。いかに市民がなんと言おうと、会社側には平身低頭ですよ。そりゃあ、あんた、税金おさめてもらって、楽に県政や市政をあずかってゆくうえにおいては有利ですものね。

わしも、何も県や市の発展のためには協力はおしまない。しかしこの姿（公害病）になってね、ただ医療費だけはめんどうみてやるからというだけでは、おさまりつかんでね、これは。

公害訴訟をおこすっていう話が出ていますが、これは、いちばん大きな問題は、人さまをかたわにして、働けないようにして、いま現在入院しておるというのに、一度も見舞いにも来ない、それであたりまえだと言うて、それですみますかと言うのや、法律で照らしてね。

市や県の理事者にとっては、(工場には)まあ来てもらったという関係もあるしさ、おたがいに税金もおさめてもらってるしさ、だといって人間に傷つけて、こういう姿にしておいてさね、それでいっぺんも見舞いにも来ない、みなさん気の毒だとも言わず、何事も一つもせずして、ただ市や県に責任があるんだというようなことを言って、それで加害者はすむんですか。シャバの何事も、一対一のね、ほかの事故だったらね、どうなりますか。それといっしょですよ。

だから、わしらが訴訟をおこすということは、あまりにも、泣き往生しとったところで、工場側はあたりまえだと、どんだけでも、県知事や市長の言うことを聞かずして、ガスなんか絶対加減しませんよ。

それで、ああいうふうにね……法律には、これは裏も表もないからね、憲法だから、一平民だろうが、総理大臣あてでも訴訟はおこせますしね、理由によれば勝てますもの。勝つんじゃないんですよ、これは当然認めてもらうんですよ。

医者がはっきりとね、あんたたちの姿には、一般の持病からおこったぜんそくとは、そんなものとは正反対の結果が出ておるところが二つあると、はっきり医学博士が認めておるでね、それはいつでも立証しますと。

だがしかし、いざ争うとなると、実地検証とか、いろんな実験をやってみて、確実な裏付証拠がなけりゃ相手方もあるし、相当な日時がかかると言いますね。

お医者さんはね、一般の、いままでずっと関係のない時代には、一カ村に一人か二人、おじいさん、おばあさんが、ぜんそくという持病で苦しむ人も、そりゃ昔から続いているらしいですよ、そういうぜんそくの方は、全然、血液検査とか、いろんな検査をしても、現在の私たちが亜硫酸ガスでやられるこのぜんそくとは正反対の逆の結果が出るらしいな。

このあいだ、母親大会のときに、三上（美樹、のちに三重大学長）という大学教授ですがね、この人は医学博士ですよ、この人が私に言いましたよ。私は訴訟はすすめませんが、万が一、訴訟に踏み切ったときには、医者からその立証はできますと。

磯津でも、三五（一九六〇）年までは一人か二人のおじいさん、おばあさんがぜんそくらしいという人があっただけで、三六（一九六一）年の暮れから三七（一九六二）年にかけて、いっぺんに六六人になったんだからね。いま現在、おそらく一五〇人ぐらいおるでしょう。こういう症状の人が、もう大なり小なり、みんなそうですよ。

そういうことも立証するし、はっきりした試験の結果も出ておるらしいな。

市長さん（九鬼喜久男）がね、この前（一九六六年五月三一日）私ら患者とね、ひざを並べて座談会してみようと、これは塩浜連合自治会が主催で、塩浜公民館でやりました。

このとき、地区選出の市会議員も五、六人おって、私ら患者として、通院の人、入院の人もまぜて、会場まで足の運べる人が一三人おりました。

自分たちが意見出したところで、市長さんいわくには、まあ何したところで、わが日本は、戦争に負けました敗戦国や、もう四等国民だ、土民だ、それがいまこうやってごはん食べさせてもらって、服を着て、靴はいて、歩けると、こういうふうに生活させてもらうのは、工業の力が伸びたからや。それで、世界もかりに認めておるし、戦勝国の相手方も、これを利用してどうか、やっておるんだ、と……工業の力があってこそ、敗戦国なのに生きさしてもらっておるという意味です。それだから、多少のことは我慢しなさいと……。

そういうふうに、四日市の第一の御大がね、そういうふうな心がまえだから……知事さんもいっしょですよ。

そりゃあね、おたがい、市長という責任からみれば、市民も大事であろうが、それよりか、工業のほうが大事、ね。会社を誘致しますし、工業をどんどん伸ばして、港もよくして、日本で指おりの港にも現在なっておりますが、それ以上にしますと、それはね、私も当然なことだと思います。

しかし、この被害を受けて苦しんでおると、学者や医者が認めた人間がいるなら、もう少し優遇してね、それを納得させてからね、またあと誘致すればいいのに……無計画で、どんどん誘致して、各部落のあわいに割りこんできて、会社がね、西も東も煙突で、ガスで苦しんで、部落が立ち退いていかんならん、先祖代々、何百年おったこの部落が立ち退かならん、逃げてかんならん……それをあんたら、どう思いなる。

立ち退いておる人もおるし、これから計画の中に入っておる人もあるし、磯津は漁村だし、海を目的とした商売であって、これをどう解決するかということだ……。

市長さんは、もういまさら、こういうふうな工業都市の付近で漁業を営むということは時代遅れだと、そういうことをひとこと言いましたよ。

磯津の自治会長が、漁業のことなんかをね、近海は水が汚れているので遠くへ行かんならん、ついては経費もいるし、日数はいままでの半分も出られないし……、そういうこと言えば、市長さんとしては、もうそんなトロい商売しとるな……と、もう時代遅れだと、そういうふうに考え方を言ってみえる。若い人は学校へ行って、付近の工場へ就職してやれということです。

そりゃ市長さんはね、自分は大きな山持ちの家（三重県南部の大山林地主の息子）で、ゼニの苦労を知らずに育った人です。

昔の諺に、鴻池《こうのいけ》さんの娘さんがね、「貧乏、貧乏って、箕《み》に一杯や二杯のお金がないやろか」と言ったそうな。

人間はね、苦労を知らない人はそうですよ。いまの市長さんでも、山持ちの息子さんで、ゼニの苦労も知らずして育って、東大を出て、四日市へ養子に来て、こんどは市長に当選したと。男前でハンサムやし、そりゃ怖いもんないですよ。漁師や貧乏人が言うたってね、「うるさい」というようなことですわ。

いまさら漁師しとるのは時代遅れやと、はっきり言いました。

公害患者でも、これはおとなしいからいかん、やればいいんだ、ほんとうですよ。私らも生きる権利があるんだ……。こんな泣き往生してね、相手にこんだけの踏みにじられたことをされて、働けない姿にされて、入院をしなければならないような病気に、有毒ガス持ってきたんだから。こんなものやったって正当防衛ですよ。そりゃ犠牲者が仮に出ても、正当防衛になりますよ。

どんだけ頼んでも、どんなこと言うてお願いしても、相手が言うことをきかないんだから……そりゃ人間、堪忍袋の緒も切れるし、やらなきゃならん、自分が生きるために……そりゃ正当防衛っていう法律もあるでしょう。相手が凶器持っとらんだけで、有毒ガス持っているんだから、やらないのがおかしいですよ。私らはもう年寄っとるし、そういう勇気もないけれども、若い人は陰ではそう言うとります。もういまにやるでしょう、きっと。そりゃね、年寄りは自殺していきます。だが若い人は、いまから子どもなんかも学校にやっていかんならん責任がある……やる時期がきておるですよ。それでね、私の言うことがオーバーであるか、矛盾しておるかどうか、あんたたちどう思いますか。

私は実際に、過去の五年の経験から、相手の動作からね、いろんな話し合いの結果からみて、現在の四日市市の姿はそうですよ。他府県だって、もっとしっかりした人たちだったら、こんなふうにしとかんでしょう。

第一コンビナート付近の、塩浜・磯津の人たちはおとなしいですよ。これは七～八年にもなるでしょう。はじめは、石炭たく（三重火力）時分から、ススで洗濯物は汚れ、トタン類なんかも三年しかもたん。それを陰で言うとりながら、行動を起こさない、女の人も団結しない。だけど、第二コンビナートの、午起《うまおこし》、高浜付近の人はえらいですよ。現在、洗濯物でも会社が集めにきて、乾かして、アイロンかけて、また配布している。これは女子の力がえらいからや。おたがいに、男は一家の責任者だから、出て働かんならん。女が団結すれば、これは力だから。あとからできたところの人が洗濯物をちゃんとしてもらっているのに、はじめからおる部落が、ひとことも言わへん。

一番気の毒なのは重病で、重いぜんそくにかかって、もう肺気腫になっとるか、五年も経過した人。また通院していても、無理して浜へ行っている人、これが一番気の毒や。こういう人が磯津でずいぶんおりますよ。二八三人（そのとき現在の公害認定患者数）のうち、おそらく磯津が一〇〇人以上でしょう。

これはね、誰も率先して先頭に立って指揮する人もおらないし、情けないながら、市長や知事のお言葉に反したことはやりにくい、これは人間としてはしにくいですよ。

しかし実際にね、患者が一〇〇人おろうが、八人おろうが、その人らだけが団結してやっただけでは勝てないと思ってね、いらんことをしても効果のないことはやってもあかないと思ってるんでしょう、みんな。

もう私は、いつも名前を出してね、いろんなとこに載せられるんでね、注意人物になっとるわ。

（一九六六年九月初旬、磯津の中村留次郎さんの自宅にて）

公害の実態は数字ではわからない

原稿用紙を渡した藤田さんにも話を聞き、ガリ版文集に載せて、病室に持っていった。写真も撮らせてもらった。

入院している病室は二階で、窓から、道路一本隔ててコンビナートの工場がよく見える。

「あそこの煙突から煙が出ると、とたんに発作を起こす」

藤田さんが指さしたのは、昭和石油の向こう側にある三菱油化の工場だった。藤田さんは呼吸が苦しくなると、ベッドの横にある酸素ボンベの元栓を開けて、酸素を吸う。酸素ボンベには、スリーダイヤのマークの三菱油化のラベルが貼ってあった。

「藤田さん、三菱油化なんかにぜんそくにされて、その三菱油化が作った酸素に助けてもらうな

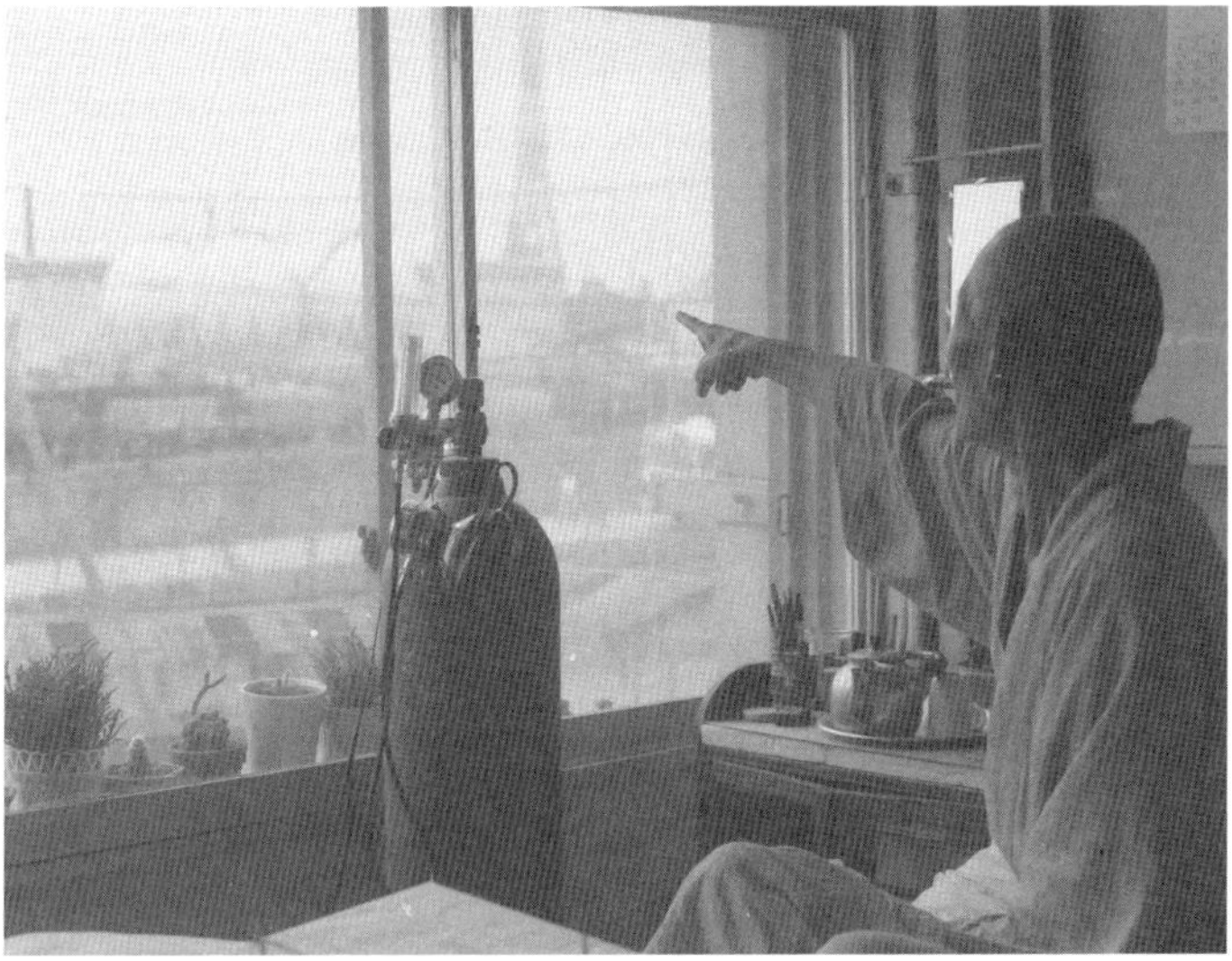

「あそこが一番の発生源だ」と、塩浜病院空気清浄病室のベッドから訴える藤田一雄さん（1967年７月14日）。藤田さんは勝訴判決より４年後、74歳で亡くなった。

んて、皮肉なもんやな」と私が言うと、藤田さんは暗い表情で聞いていた。

藤田さんは、一人娘にお婿さんを迎えたが、その人は三菱油化の従業員。娘さんの結婚後に、藤田さんは公害裁判の原告になったのだが、その思いは複雑なものだったろう。

公害の実態は、何ｐｐｍといった数字からではなく、苦しんでいる被害者である患者、住民の思い、実際を知ることから始めるものでなければならないと思った。

漁師たちやぜんそく患者さんから聞いた話は、磯津ことばのまま、文集に載せた。文集名は、『記録「公害」』。

発行元は、「公害を記録する会」とした。

会とはいえ、メンバーは私一人で、いわば、私のペンネーム。私の勤め先の地区労組協議会には、石油化学コンビナートの企業の労働組合も加盟している。そうした労組の会費から自分の給料が出ていることに対する気遣いと、会であるからには会員が複数いることを装う狙いがあった。

ガリ版文集づくりは、実際には私一人によるものだ。しかし、一人でやっても、記録された被害者たちの生活と意見は、ほかの人に読んでもらうことができる。読まれ、知られることによって、少なくとも反公害にとって十人でやっているくらいの力にはなるだろうという自負はあった。

公害患者さん、漁師さんなどの聞き書き、日誌、新聞記事の採録などを掲載したガリ版文集『記録「公害」』は、四日市から公害がなくなるまで続けるつもりだったが、指が痛み思うように動かなくなってしまい、ガリ切りするのが難しくなったので、一九九九年に六〇号で終刊にした。

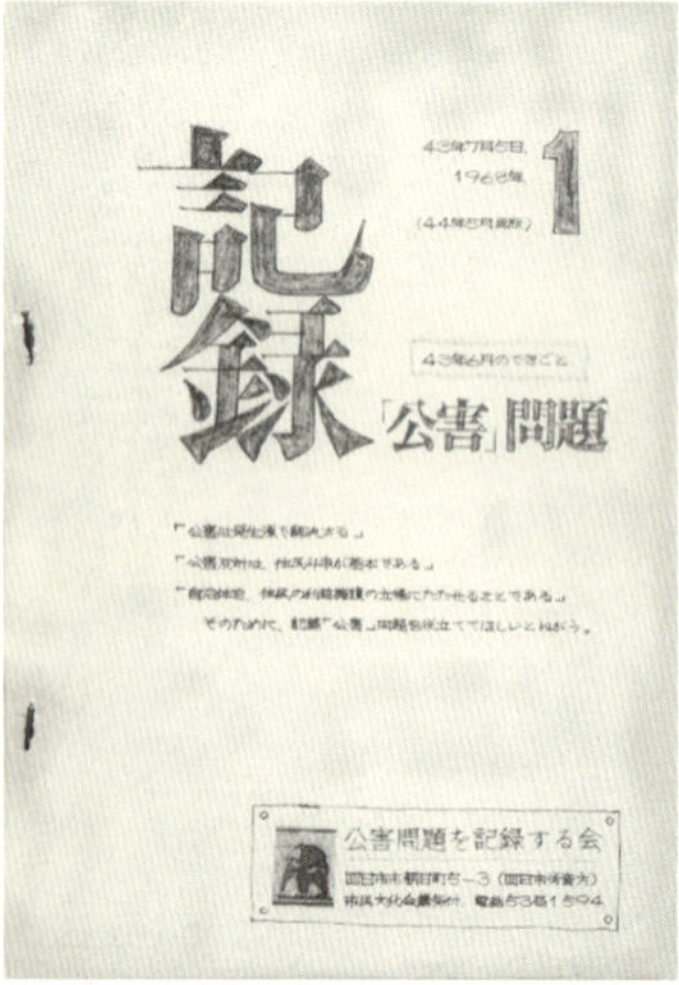

ガリ版文集「記録『公害』」第１号・表紙

あわやクビ

ガリ版は、書く人の字がそのまま表れる。そのことが問題を引き起こしたこともあった。

公害訴訟が始まる前、霞ヶ浦海面埋め立てと第三コンビナート誘致が四日市市議会で問題となった時、第一、第二コンビナートの公害はいっこうに収まらないのに、さらに公害発生源を拡大するのは正気の沙汰ではないと、このときばかりは、近隣地区の住民による大反対の動きが出た。

近隣地区に居住する労組の組合員から「反対のビラまきをするので、夜、手伝いに来い」と呼び出されたが、なんのことはない、おまえがいまから原稿を書いてガリ切りしろ、ということで、ビラを作成・印刷し、夜の九時過ぎに、近隣地区の家々にビラを配った。

あくる朝、大協石油労組から呼び出しがあった。執行委員長の机の上には、昨夜のビラが置いてある。

「このビラはおまえが作ったんやな」

「おまえはどこから給料をもらっている」

「会社が大きくならなければ、賃金は上がらない。それをなぜ、おまえは反対するのか」

「おまえが地区労を辞めるか、うちの労組が地区労を脱退するか、ここで返事をせい」

とたたみこまれた。私は、「両方ともおかしいと思うので返事のしようがありません」と答えた。

大協石油労組は、大会を開催して、地区労からの脱退を決めた。しかし、地区労の事務局員が第三コンビナート誘致反対のビラをまいたからという理由で大協石油労組が地区労を脱退すれば、かえってマスコミの餌食になるだけ。そこで大会では、「いつ脱退するかは執行部に一任」でおさめ、結局、大協石油労組は地区労から脱退しなかった。

会社が大きくなれば、利益が上がる、賃金も上がる、という労組の考えもわからなくはない。それに、公害反対運動は、被害者である住民が中心でやるべきものだ。以後、私は、公害反対運動は、地元住民の思いを受けてやること、そして、黒衣として、助っ人としてやっていくことを肝に命じた。

3．四日市ぜんそく公害訴訟

二人目の公害患者の自殺

一九六七年六月一三日、大谷一彦さんが首をつって自殺した。前年の木平卯三郎さんに次いで、二人目の公害認定患者の自殺だった。

その四カ月前の二月一八日、四日市市議会は、霞ヶ浦海面埋め立てと第三コンビナート誘致を強行採決という異例の形で決定した。大谷さんは、被害者のことをかえりみない、この市議会を傍聴し続けていた。

地域にガスが蔓延し発作に苦しめられると、車で鈴鹿山麓へ逃げ、風向きが変わると自宅へ戻るという避難生活を送っていた大谷さんの日記には、「九鬼市長、ぜんそくをやってみろ」と書き残されていた。

「このままでは、死を待つしかないのか……」

「どうせ死ぬのやったら、いちかばちかやったろうか」

塩浜病院に入院中の患者たちは、名古屋の若い弁護士さんたちからの勧めにしたがい、裁判を起こすことを決意した。

親戚などの周囲からは、「天下の三菱を相手に勝てるわけがない」「負けたら一文無しになる」「裁判やるのやったら、縁を切る」と反対する人もいたが、「おれらは何も悪いことをしていないのに、こんな病気にさせられた。負けてもともと、裁判をやってもらおうに」と、入院中の九人の患者が原告として立ち上がった。

大谷さんの死から約三カ月経った一九六七年九月一日、津地方裁判所四日市支部へ提訴した。

磯津漁民一揆

裁判を始める前、磯津の漁民・住民たちも、何もしていなかったわけではない。

一九六一年一〇月、第一コンビナートからの公害対策が何もなされないのに、第二コンビナート（中部電力四日市火力、協和油化、大協石油）の操業に向けて、橋北地区の午起《うまおこし》海岸が埋め立てられた。もちろん、その後も油くさい魚は減ることもなく、捕った魚の買い手はつかない。どんどん生活が困窮していった磯津の漁師たちは、一九六三年六月二一日、第一コンビナートの中部電力三重火力発電所の排水口をふさぐ実力行使に出た（「磯津漁民一揆」）。

「磯津の漁師たちの話」

磯津はもともと沿岸で、貝をとったり、海苔をしてみたり、地曳網してみたり、昔の漁師やで、機械使わんと、まあそういう漁法でおったんやけど、獲れた魚はくさくてあかんし、こんなんではあかんでって、沿岸漁法から、回遊魚っていう、黒潮にのってくる魚の漁にきりかえようということになって、沖へ出るようになったんや。

それがどうにかこうにか軌道にのってきた時分に、そのくさいという世論が高まってきてやね、「こんなことではあかんなあ、こんなことではあかんなあ」って言いながらでも、なんにもようする手がなかったわけや。

そしてねえ、あれは三八（一九六三）年の六月、六月っていうとシラスっていうジャコになる白い小さい魚ね、これをいっぺんに獲ったわけや。ずーっとこの地つづきの漁師がね。……そいつがほとんど波打ちぎわへ寄ってくるもんでね……。そしたら、鈴鹿市とか、桑名とか、津とか、あのへんの魚は、ばんばん値よう売れるわねえ。それでね、四日市（磯津）の魚だけはくさいって、ぜんぜん買うてくれん。そいでさねえ、隣の漁師は、極端に言えば、楠（磯津の隣の三重郡楠町）の漁師ねえ、一〇貫匁くらい入るカゴだけど、このカゴ一杯五千円、六千円で買うてくれる。磯津の獲った魚は一銭でも買うてくれやん。極端に差がみえてきたもんで、こんなこととしとってはあかんでなあ、その当時ねえ、富田の平田（佐矩）っていう人が市長しとったわ、そいで、こんなことではあかん、クセになるでなあ、（工場は）おいらだますようにして（市長が）連れてきたんやで、この市長の責任やで、市長にいっぺんこの魚食わせ……それで富田の漁港へ魚積んでった。朝四時ころやったなあ、若いさかりのもん一〇人くらいで市長の家へたたき起こしに行ったんや。そしたら市長が、「なんやあ……」って。

なんやあって、おまんいっぺんこの魚食ってみてくれ。おいらこの魚獲ってきたけど、富田のあきんどに買うてくれって言っても買うてくれやんし、いっぺんおまいたち、くさいかくさくないか……。

まだその時分には、市長は「くさくない」って気張ってるわねえ。「くさいか、くさくないか、おまい、いっぺん食ってみてくれ。これくさなかったら、一杯、五〜六千円するんやで、くさなかったら半分でいいで三千円でおまいに売ったろうに……」

そしたらまあ、偉い市長やったわな、「ともかくなあ、おまんたちがそう言うんやったらなあ、一度見に行こうに」って、漁港まで見に来てね、そのとき、一〇万くらい魚があったんかなあ、魚の量はね、時価でね。

「一〇万って言っとってもすぐになっともならんで、おまんら今日獲ってきたの全部、おれが買うたろに。おまんたちも朝早うから沖へ獲りに行ったのを買うてくれやんて言うんではなっともならんし、それに油もいることやで、おれが買うたろうに……」ってね。「これはあくまでもわしの小遣いやで、そのかわり二度と持ってきてくれるなよ、こんなのなっともならんで……」って。

市長はその場で、五万か六万くれたわ。魚どうするって言うたら、「専門のおまえたちがくさいっていうもんを食えるわけないやないか、これはほったってくれ」って。すぐその場で浜へほって帰ってきたわけや。

そうしといて組合へ行ってね、「市長はなあ、これくらいまで誠意示しとってくれとってもなあ、会社が何も言わんっていうのは、こんなばかな法はないやないか。わしらには、絶対くさくなることも、何もせんって言ったんやでなあ。いっぺんかけあいに行こうに……」って、若いもんばっか一〇〇人寄って話ができてね。

組合長や役員は、出るのを反対やったわ。反対でもね、「おまえたちが自分らの顔でこの工場を連れてきたんやないでなあ、おまんらに何も責任とってくれって言ってるわけじゃないで、おいらで行く」って、ほんでまあ、一回目の交渉に行ったわけや。

それは市長に魚買うてもろた直後で、一番はじめに中電（三重火力）へ行ったわけや。会社へ行って、「おまえとこなあ、この水（冷却排水）さえとめてくれたら、おれらの魚はくさくないやで、なっとかせえ」。そしたらねえ、技術員を呼ぶとかなんとか言って、ものわかれになってねえ。

そいで、五回か六回、中電へ交渉に行ったねえ。要するに、中電の水そのものがねえ、わしらで考えるのに、原因はあそこしかないのや。油くさい、そういうくささだけやったら油会社に原因があるけれども、なんとも言うに言われんね。そのなんて言うかなあ、薬品は塩素って言うとったわ。タービンの中に海水（冷却用）を入れると、タービンの中に貝がつくわね、その貝を防止するために塩素を入れる、その水を飲むと魚がくさくなるんやわさ。

こんな状態ではあかんで、なっとかしようにって……。漁師としてはねえ、「四日市港から水を入れて、反対の鈴鹿川の方へ出すのを、逆にせい」って言うわけや。「それはできんていうのなら、もっと沖の方へその水を出すようにせい、二〇〇〇メートル、三〇〇〇メートルってシーバース（沖から、タンカーの油を海底パイプで陸揚げするための油送基地）のように沖のほうへパイプを出して水を出せば、海岸の貝とか、沿岸の魚がくさくないようになる」。そしたら「技術面でできん」ってなった。そして「わしんとこは調印しとるんで、あくまでもせん」ってなった。

それで、「これは最後の交渉やでなあ、わしらにも考えがある……」。ほしたら「それ以上どうにもならん」

「ほんならどうにもならんって言うのやったらなあ、おれらどうせ食えんのやったらなあ、くさい飯食うか、それとも水とめてもろうて働いて食うか、どっちかやで、やろうに……」って。

あの当時（一九六三年六月）漁業組合員が五〇〇人くらいおったかなあ、年寄りが一〇〇人くらい欠席で、四〇〇人くらいが寄って、これ船と、村にある土のう全部もってやねえ、水（排水）をとめに行ったわけや。とめに行こうって決めたのはね、漁業組合の役員をボイコットしといてね、これから生活していかんならん若いもんだけでね。

漁師はね、毎朝、三時か三時半になるとね、港へ出ていく習性がある。港へ出て行ってね、隣でばんばん漁しとるし、魚はそこに来とるし、獲っていってもなんにもならんでウロウロしとるわね。それで、漁に出たいばっかりにかたまってるわね。そうかといって隣に獲りにいけば隣から怒ってくるで、獲りにいけやへんし。「なっとかならんかなあ」って寄って相談しとるうちに「そんならやってまおうに……」、まあ話がかたまってきてやねえ、「ボイコットして、やってまおうに……」っていうことになってもったんでね。

そしたら組合長も、「長っていやあ、わいらの親父やで、子どもがそんなに難儀しとるのをほってみておれんでな。おれもこの年になってるんやで、死んでもかまわん。あとの責任はおいらがとるで。わいらやるならやれ」って。組合もほっておけんで、やむをえず入ってきたんやわ。その当時、中村留次郎さんねえ、あの人なんかも役員やったわ。

そんなことで、そうこうして行ったわけや。そしたらそのことは、誰かから通知してあるわねえ。工場へ行ったらね。門の中へ入れんように警察が五〇人くらいおったかな、正門に鉄条網はって、一歩も入れやんって言っとったわ。

「一歩も入れやんって、鉄条網もクソもあるか……」ってね。故意に危害を加えると思ってね、守衛もおらへんだし、警察が五〇人くらい来てね、「ちょっとでも手に触れたら法に触れるのやぞ」って。

「法に触れるのやったらブタ箱の飯食わせい、おいらここにおってもメシ食えんのや」って。二〜三〇人、気の早い手合いが警察にかかってってたわけや。そしたら警察は鉄条網の中でワイワイ、マイクで言うとったわね。

「こんなイヌ共に相手になっとってもあかんで、水とめたろうに……」ってね、「今から一〇分の間に最後の回答せにゃ、水とめてやる……」って、磯津の港から五隻くらい船を持ってきたかね、沈める船を。

それから、水門のちょうど入り口にねえ、浜州ができるねえ、それから砂とって水門とめるにはわけないでって、水門のところに船をずーっと五はい並べてね。土のう三〜四〇〇入れたかなあ。そいで、「おまえんとこの回答しだいで、いつでもほうりこむぞ」って。

ほうしたら、沖から警備艇が来たわな、水上警察の警備艇が三〜四はい来たわな。そいで、「おまえら陸の警察が取り締まらなんだら、わしらが取り締まるぞ」って言ったでね。

「いつもなあ、密漁しとるでわいらに遠慮しとるけど、わいらなんじゃ、今日は、来るならいつでも来い」ってね。

あれも四〜五〇人、気の早い若い衆がその船へ泳いで行ったねえ。そいで、警備艇へ上がってね、マイク持っとったやつなんかをみんなとっちゃってね。「わいらグズグズ言うか……」って言ったら、「わしらは職務上来てるだけでな、おまんたち罪におとそうとも思わんし、おまんらの妨害もしようとは思わん、よう事情はわかっとるでどうも言わんけど、たのむでわしらに危害を加えるのだけはやめてくれんか……」って言うもんで、そんなんやったらほっとけって、警備艇を占領したような状態でね。

会社側の回答がないし、約束の時間がきたし、さあやろうかっていうときに、今の四日市の総連合自治会長の今村嘉一郎っていう男ね、それがとんで来たわな。「まあ、いっぺん待ってくれ、わしが知事に話をつけて、おまえらの納得のいくようにするでやなあ、今日のところはおれの顔にめんじて、頼むにこらえてくれ」って、土下座してね。「おまんらおれをいけにえにするんならしてくれ、おまんらに殺されてもどかんでな、それよりもおれの言うことを聞いてくれ、それを聞かんのやったら、わしも自治会長（塩浜地区連合自治会長）として恥ずかしいで殺してくれ……」って、その男がとまったわな。

「そのくらい言うのやったら、まあいっぺん聞くだけ聞いてやろうに……」って、その場はそれでおさまりをつけて帰ってきたわけや、船は沈めんとね。

その船を排水口に沈めにかかったとき、磯津の漁師は総出でやけども、関係ない人もおるし、女の人もね、かなりこちら側（磯津側）の堤防から応援しとったわな。「そんな会社こわしてまえー、こわしてまえー」ってやじとったわな。子どももおったけど、数にして千二、三百おったかなあ。中電へは、船で磯津の港から行ったのと、陸から走っていったのとあって、陸から行ったのはだいたい中年以上と年寄りで、船で行ったなかの一〇〇人は若い衆で、なっとも威勢のいい連中だったわな。

それから一日おいてから知事（田中覚）が来るとなったん、いっぺん現場視察に。それで知事が来たわけや。

知事が来たとき、警察も来たわな。実際のとこ、それまでに警察とトラブルはあったな。それで「知事に手をかけるな」とかね。みんないきりたっとるもんで、知事に何されるかわからんって。さあだいたいにおいて漁師っていうのは、警察とはカタキ同士やでね、「こんなもん、バカもん、やったるかあ……」で警察も寄ってこんだわな。

それで知事が来たときには、ボラと、ハゼと、ウナギと、あそこの魚、食わせるようにしたんや。会社側はね、中電の社長は出て来んだけど、かなり発言力のある重役が出てきてね、そいで「くさない、おいしいですなあ……」ってこきゃあがった。「何がおいしいもくそもあるか」ってとらまえてね……そしたら「たのむでやめてくれ」って、すぐに警察がとめたけどね。

そいで知事に食わしたら、知事は一口食ってね、「うーん、なるほどおいしいなあ」って、だけどすぐに「これはあかん……」って。そりゃ味がつけてあるで、食った瞬間はうまいわね。しかし、一口嚙んでみたら全然食えんわね。「これはくさい……」って逃げてしまい、「くさいのはわかった、なんとか処置する……」って。

だいぶ難行したけどね、再生資金としていくら、一時金としていくらって、話し合いで一人あたま四〜五万円もろたんかなあ。これは中電から出さしたのを分配してそうなったんやけど。

そしてねえ、第二、第三の水門とめよが出てきたらあかんで、長くもって運営せいっていう資金で、（漁協で）白子（鈴鹿）方面にアパート買うたりしてさ……。ちょっとやったけどね。あんなもん、そのうちなんとはなしに消えていくんとちがうか。

中電の補償のそのときの算定っていうのはね、年間に、この浜でこんだけのものが獲れる、あれもこれも獲れると、ちゃんと額を出したけど、全額はおそらく、くれん。その何パーセントかっていうことで、お互いに話し合おうじゃないかって、額がぐっと減ってくるわね。

まあ、中電から金とったけど、くさい魚は解決せんわなあ。そいでね、海賊船でごうをわかしとる（腹立ちを見せている）けどね。

それが、幸か不幸か、魚が最近こっちへ廻ってこんのや。全般に汚れとるで寄ってこんのか、それとも潮流の関係でこんのか……。その魚が廻ってこんでいまは話が出やんわけや。漁師としてはね、おそらくボンボン漁が出たらやね、またさわぎだすやろう。

しかしねえ、中電もあれからこっち、だいぶ操業を少なくしとるねえ。最近わしらがみとるのに、一週間にいっぺんか、二週間にいっぺんくらいしか出やんわ。水を流しとらんみたいやわ。運転をやめるとか、しかけを変えとるかわからんわねえ。

そいで夏うち、この川（鈴鹿川河口）の魚が食えたときあったからねえ、「今日はくさくないな……」。そやけど、一週間か一〇日たつと、またくさくて食えやんなあってあったけど、くさくないときでも売り物にはならんわなあ。

今年でも、スズキって、マダカの大きなやつね。こちらで獲れると五〇〇円から千円や。くさいかもしれんって、保証できんやで。それが鳥羽あたりで獲れると三千円から五千円くらいする。それくらい値のひらきがあっても、自分の労働力でカバーしとるんやわさ。

南勢（三重県南部）の漁師は、一日のうちに三時間か四時間働いて二千円もうけてくるわ。収入はえらい変わらんもんで、自分の労働だけは黙ってほってるわけや。

そういう点もあるし、若いもんはなげやりになってるなあ。その当時ね、夜もろくに寝やんとね、毎晩寄ってね、神社へ寄り、公民館へ寄り、組合へ寄りしてね、また個人の家へ五～六人寄ったり、そうとう話し合いして、苦労したわりには成果が上がらんなんだわけや。

しかしどこの国にもある話やろうけど、おえら方ね、なんらかの形でつぶされていくわけや。そういうケースばっかしでね。その当時、そんだけ力を入れてくれた自治会長さんでも、現在どうかっていやあ、世論に抗しきれなくなってやねえ、もうやめてもらったわなあ（塩浜連合自治会長でなくなったことで資格がないのに、市総連合自治会長にも居すわり、分裂さわぎとなった）。そういうえらい人は、いっぺんずつ、何かして、何がしかの得るものがあって、消えていくんやろうな。

われわれが一生懸命やったことをね、舞台がクライマックスになってくると、要するに二枚目が出てきてやねえ、大見得きって出てくるもんで、馬の足のなり手がないわけや。こんなばからしい、おいらが一生懸命やってやなあ、最後の土壇場になってくると、「わいらみたい黙っとれ、若いもんの言うことは通用せんであかん、肩書きのあるもんが話せんと通用せんであかん」ってなもんで、押さえてやねえ。そいで終いや。

そうかといって、家へ帰ってきて、あの人のしてくれた話は気にいらんていう世論が出てくるわねえ、若いもんからは。しかし悲しいかな、磯津の組合の役員っていうのは、家の親父とか、おじきとかこの磯津の村、こんなに広いけど、村全体が親類になっとるで、悪いのわかっとっても面と向かって言えんわけや。個人の話になってくると、「あの人、おそらくいっぱい飲んでるぞ（飲まされとる）よ……」って言っとっても、現場がわからんもんで、面と向かって言えやんし。まあ、そんなような状態で、「どこの誰やらのゼニもうけやでのう、やめとき……」って、若いもんはなげちょるわけや。

そんなラチのあかんもんにかかっとってもあかんで、自分で自分の生きていく道をかんこうせんとあかんで、人に頼らんと自分でやってるっていうケースでやっとんやわなあ。

漁師っていうのは、人が休んどると喜んでるっていう状態やで、わしらの口からなかなか出やんのやわ。寄ると、なんとかしようにって話は出るけど、ある程度の他人の被害には喜んでるんやでねえ。「隣は休みやわ、うまいこっちゃが……」ってもんでねえ。

それでいま若いもんで問題になっとるのは、あっちをちょっと、こっちをちょっと、とられ（漁業権放棄）、そうして磯津だけをほっとかれ、おれら漁ができなくなって越していかんならんことがはじまってくる。これを組合のえらいさん方は、なっとも言わんとほうってるのかっていう声がちょっと出てきてるけどね、いまとしては。

しかし、それを積極的にどうしょうやの、こうしょうやのっていう空気はまだ見られんけどねえ。なぜかっていうと、漁師としては、いま漁期も漁期やでねえ、(午前)三時に起きて出て行って、(午前)五時か六時頃に帰ってくる、それがおそらく冬に入って、一一月になって、漁師もヒマになってくると、なんとか話も出てくると思うけどね。

(一九六八年一一月、磯津で、五人ほどの漁師の話)

知事と中電、くさい魚を食べる

磯津漁民一揆の二日後、三重県知事が磯津に来て、漁民が獲ってきた魚を試食した。しかし、あまりにくさいので、すぐに吐き出してしまった。同席した中電の社員は、「おいしい」と言って食べた。くさいものはくさい、となぜ率直に言わないのか、こうした間違った〝愛社精神〟が、公害の発生を知っていても、「うちではない」「隣の工場だ」と言い逃れ、大きな被害を起こすことにつながったのだ。

知事は、現地の漁民の前で解決を約束したが、わずかばかりの解決金を工場に支払わせただけで、海の汚れはそのまま放置された。結局、発生源はそのままとなった。

公害病患者認定制度はできたが……

ぜんそくについては、塩浜地区連合自治会が、住民の意向をもとに、市長に対して、「工場誘致は必ずしも都市の発展につながらない」との異議申し立てをした。

四日市ぜんそくの患者は、子どもと老人に多い。その頃、国民健康保険の自己負担は、五割とい

三菱油化の煙突から燃えさかるフレアースタック（排ガス燃焼）。
炎の轟音はもの凄く、夜でも新聞が読める明るさ（1967年７月）

う高負担だったので、医者にかかりたくてもかかれない患者たちが大勢いた。

そこで、塩浜地区連合自治会は、公害病と思われる住民の医療費として二〇万円を用意した。行政の無策に対して、自治会が独自で対応策に乗り出したのだ。しかし、用意した二〇万円は三カ月で底をついた（一九六三年）。

四日市医師会では、眼科医の小谷騄次郎さんが中心となって、一九六四年一月に「公害対策委員会」を発足。七月には市長に対し、「医師が公害による疾病と認めた時、医療費を市が全額負担する考えはあるか」と、公害に対する行政の対応を質す「公開質問状」を送った。八月の臨時総会では「今後、臨床により明らかに公害によると見られる患者を発見した時には、その旨をカルテに記載し、国・県・市に通告し、真剣に公害防止策を練ってもらう」との方針を決定した。

塩浜連合自治会や四日市医師会をはじめ、「公害患者を救え」の声が広がっていった結果、一九六四年一二月、市長は「四日市ぜんそく患者の治療は、来年度から全額市費で負担する」と発表、一九六五年五月、全国にさきがけて公害病患者認定制度がスタートした。第一回審査では一八人が認定されたが、そのうち一二人が磯津の住民だった。

この認定制度によって、ぜんそくに苦しむ患者の多くが、医療費を市に負担してもらえるようになった。重篤な患者は、空気清浄病室に入院できるようになった。

しかし、行政や企業はいっこうに、公害の発生源への対策をとろうとはしなかった。県知事が磯津でくさい魚を試食した約五カ月後の一九六三年一一月には、第二コンビナートが本格稼働し、六七年二月には、霞ヶ浦埋め立てと第三コンビナート誘致を、市議会は強行採決で決定した。

そこで、入院患者たちは、第一コンビナート六社を被告とした「四日市ぜんそく訴訟」の提起を決意した。弁護団は、東海労働弁護団のメンバーを中心に、当初五六人の弁護士で結団した（北村利弥団長、花田啓一副団長、野呂汎事務局長）。

四日市公害訴訟

○原告：県立塩浜病院に入院中の磯津の公害病認定患者九名。

塩野輝美（三五歳）、中村栄吉（五〇歳）、柴崎利明（四〇歳）、野田之一（三五歳）、藤田一雄（六一歳）、石田かつ（六二歳）、今村善助（七七歳）、石田善知松（七三歳）、瀬尾宮子（三四歳）

○被告：第一コンビナート臨海部の六社

石原産業四日市工場、中部電力三重火力発電所、昭和四日市石油四日市製油所、三菱油化四日市事業所、三菱化成工業四日市工場、三菱モンサント化成四日市工場

○訴え：

被告等工場群の排出する煤煙中の亜硫酸ガスによる大気汚染により、原告等磯津地区住民の健康が侵害された。

被告等は、以上の侵害事実を十分知りながら、稼働日以降今日まで、煤煙中の亜硫酸ガスを除去すべき何ら設備改善行為をなさず、あえて操業を続け、被告等各工場とも煤煙の発生を続けて、原

告等に対する加害行為を継続してきたのであるから、被告等各社の損害発生に対する故意、もしくは少なくとも過失は明らかであり、よって被告等は、民法七〇九条、同第七一九条第一項により、原告が被った損害を共同して賠償する責任がある。

民法第七〇九条：故意または過失によりて他人の権利を侵害したる者は之に因りて生じたる損害を賠償する責に任ず

民法第七一九条：①数人か共同の不法行為に因りて他人に損害を加えたるときは各自連帯にて其の賠償の責に任ず。共同行為者中の孰《いずれ》か其の損害を加えたるを知ること能はさるとき亦同す。

〇四日市弁護団の意見：

死者まで出しながら、四日市は第三コンビナートづくりを始めている。憲法第二五条（国民の生存権）は、亜硫酸ガスの中で死んでいる。その責任を誰も負うことなく、被害が進行している。この無責任状態にまず終止符を打たせよう。現実の被害に対し、一刻も早く、直接の加害者企業から、当然の賠償をさせることによって、もって行き場のない混沌の中に責任追及の一筋の道を切り開こう。最も純粋かつ単純な、直接の加害者への不法行為責任の追及という闘いを通して、国や自治体の施策の根本も俎上に上らざるをえなくなるだろう。

4．民兵よ、いでよ

先頭に立って闘うことを……

入院患者たちが裁判を決意したころ、四日市の公害反対運動の主要な担い手は、社会党・共産党・労働組合で結成した「四日市公害対策協議会」（略称「公対協」）だった。公対協は、一九六三年七月に結成し、まずは、「公害をなくす市民大会」を被害地区の住民とともに開催することを決め、各地区の自治会長に協力を要請した。市民大会は、三菱化成から飛散するカーボンブラックの被害に苦しむ主婦たちが、黒くなった雑巾を手に公害をなくそうと訴えるなど、盛り上がりを見せた。

ところが、この盛り上がりを受けて、四日市自治会総連合は、革新陣営とは一線を画した自治会独自の運動をすすめることを決めた。公対協が、草の根の住民たちと直接につながりをもっていればどうってことはなかったのだが、残念ながら、上（自治会長）としかつながりのない組織だったので、以後、住民とともに公害反対運動をすすめることはなかった。

いきおい、公対協のやること・できることは、行事の開催。政党・労組は、行事を消化するために動員をかけることしかできない。こうした集会では、必ずと言っていいほど、政党幹部が「先頭に立って闘うことをお誓いして挨拶を終わります」と演説、参加者の拍手を受ける。しかし、私には「先頭に立って闘う」とはどういうことなのか、いまだにわからずじまいだ。

民法学者の戒能通孝さんが、「公害訴訟は可能」と明言されたのを受けて、公対協は、訴訟を議題にあげ、一九六六年八月、「公害訴訟準備会」を立ち上げた。第一回準備会では、理論構成は弁護団に任せること、支援組織は、公対協と県労協と決定。弁護団は、「原告は、塩浜病院入院中の磯津の公害認定患者。被告は、磯津隣接の企業。国・県・市は外す」との基本方針をまとめた。

しかし、被告企業の名前が明らかになるにつれ、特に被告企業の労組（石原産業＝総評合化労連、昭和石油＝中立労連全石油、三菱化成、三菱モンサント）は、「当該会社を相手取っての訴訟では、資金カンパ集めなどの支援活動は、執行部は理解できても、下部組合員は納得しない」などの理由で、足並みが乱れはじめた。

まず、コンビナート労組主体の三化協（三重県化学産業労組協議会）が、次に、三泗地区労、県労協とつづき、社会党は労組が支持母体なので、これも実質的に後退。共産党は、「訴訟支援はやめない」としていたが、「単独ではできない。各団体とともにならば……」と、事実上、公対協も支援組織も解体同然となった。しかし、弁護団は、準備を継続し、機が熟すのを待っていた。

「九鬼市長、ぜんそくやってみろ」の言葉を残し、大谷一彦さんが自殺されたあと、前川辰男さん（前社会党市議、同年四月の統一地方選で落選中）は、七月の自治労全国大会で、「四日市公害訴訟支援決議」の可決に尽力した。こうして、いわば四日市市職労が単独で突き進んだ格好で、公害訴訟支援活動は再開された。

「訴状」提出は九月一日と決まった。しかし、支援組織はない。幸い、北勢高教組書記長で公務員共闘会議議長の岸田和矢さんと市職労委員長とが相談をして、公務員共闘会議で支援決議をかけ、「公害訴訟を支持する会・準備会」を立ち上げることができた。「訴状」提出の日には、動員の一〇〇名ほどが、弁護団と原告患者を見守り、なんとか格好をつけることができた。

岸田さんと私は、市職労書記局で有竹委員長に相談しながら、「支持する会」の会則や、入会呼びかけのちらしを作成した。「公害訴訟を支援する運動に参加しましょう」と題した緑色のＢ５版三つ折りチラシには、塩浜病院の空気清浄病室で、藤田一雄さんが、「あそこから変な煙が出ると、とたんに発作が起きる」と窓の外のコンビナート工場の煙突を指差している写真と、ＮＨＫが訴訟にあたってインタビューした放送をテープ起こししたものを「訴え」として載せた。「公害訴訟を支持する会はこういう団体です」は、岸田さんと話し合いながら文章にした。

「公害訴訟を支持する会」の結成総会は、公害訴訟の第一回口頭弁論の前日、一九六七年一二月一日に市民ホールで開催できた。記念講演は環境経済学者の宮本憲一さんにお願いした。「支持する会」の役員は、前川辰男さん、小谷騤次郎さん（眼科医）、吉田うたさん（短大講師）、事務局長は岸田さん、と決まった。私は、被告企業も加盟する地区労の事務局員。地区労はこの訴訟を支持せず、支持するかどうかは、加盟労組それぞれの判断で、という事情から、私は表に出ないほうがいいだろうと岸田さんと相談して決め、〝隠れ事務局員〟として、訴訟支援の仕事をこなしていった。

公害市民学校

労働組合の運動は、執行部からの動員によるもの。動員方式とは、行事を消化することであり、組合員各自の意志・想像力といったものは必要ない。

公害訴訟支援集会を一割動員（千人規模）で行なうから参加してほしいと要請すれば、七割なり、八割なりの組合員が集まってくる。テレビや新聞に集会の模様が報じられ、「四日市は公害反対で燃えている」となるわけだが、一時間の集会とデモ行進が終われば、はい、それまでよと、行事はめでたく終了。動員された組合員は、「こないだの安保反対集会のときは誰だれだったから、今度の公害反対は誰と誰」と、執行部からの指示でやってくる。こうしたなかからは、自分の意志で公害反対の運動に参加しようという人はまず出てこない。

公害は激化、患者救済もままならない、かくなるうえは裁判しかない、裁判をおこすことによって、患者の救済も公害反対運動も高まるだろう、といった期待を込めて、患者たちは訴訟に踏み切ったというのに、いっこうにその気配は見られない。宮本憲一さんが証人として出廷されたときは、マスコミも大きく報道し、傍聴席も埋まったが、その後は空席が目立つようなありさまだった。組合員は、傍聴券をもらうところまではやってくれても、「あとは頼む」と私に券を渡して帰ってしまう。なので、ときには裁判所の向かいにある市役所へ行き、「午前中だけでもいいから傍聴してくれ」と頼みに行ったこともあった。自分の意志と想像力で公害反対運動にとりくもう、とする草の根の動きはまだ起きていなかった。

四日市公害の発生の地・磯津で、公害訴訟原告の住む磯津の置かれている実情を知り、磯津の人々と知り合い、そこから四日市公害反対運動をともに考える、そういった運動をつくっていきたい、労組の指示・命令による動員で行事を消化するという運動ではなく、自分の意志と創意工夫で反公害に動く人たち＝〝民兵〟が生まれてほしい、と私は願った。

四日市公害の激甚地である磯津は、四日市本土とは鈴鹿川を隔てた場所にある。しかし、磯津を通る道路はなく、本土からは切り離されている。公害がこれだけ激しいのに、木一本植樹されるでもなく、行政は捨ておいている。なのに、磯津の町の入り口には警官派出所だけはあった。

私は、現地・磯津で「公害市民学校」をもつことを計画した。

「公害市民学校を磯津で開催することの主旨」

①初心に帰って運動をおこしていく。そのために、四日市本土のリーダーになってほしい人たちに、一〇年間公害で痛めつけられている磯津の人たちの心情にじかにふれることで、七〇年代の四日市公害闘争を考えてもらいたいし、この市民学校で、組合の動員とか指令で動く活動家ではな

第１期「四日市公害市民学校」第９回風景（1969年10月30日）

く、自主性・創意性を生かしての市民運動者がでることを望む。

② 磯津の人たちにも参加してもらうことで、四日市本土と磯津の人たちとの連帯・人間関係をつくる。そうした交流を通して、磯津の人たち自身もあきらめの底から這い出し、一一年目からの運動をおこしてほしいと思う。

③ 公害訴訟は、何よりも磯津でこそ支持されなければ意義はない。市民学校ではこのことを重要視する。

④ この学校を通して、公害を記録することの意義といったことを理解してもらい、記録運動の新しいメンバーを獲得したい。

私は、この主旨に沿って一〇回のプランを立て、小・中学校の三泗教組、高教組、市職労、県職労の公害対策担当役員に集まってもらい、

［第１期公害市民学校］

日付（1969年）/場所	テーマ	講師
【第１回】 10月２日（木） 於・労働会館	市民学校の趣旨と四日市公害の運動の10年についての報告	澤井余志郎
【第２回】 10月６日（月） 於・磯津公民館	磯津の成り立ちと生活・公害	加藤光一さん（磯津患者の会会長）、野田之一さん（四日市公害訴訟原告）
【第３回】 10月９日（木） 於・磯津公民館	公害ぜんそく、生活	磯津の公害患者３人
【第４回】 10月13日（月） 於・磯津公民館	磯津の漁業・異臭魚・中電三重火力排水口封鎖実力行使	今村庄さん（磯津漁業協同組合長）
【第５回】 10月16日（木） 於・磯津公民館	公害訴訟の意義・経過・展望	郷成文さん（四日市公害弁護団・弁護士）
【第６回】 10月20日（月） 於・磯津公民館	四日市の公害患者の実態と患者の会の運動	山崎心月さん（四日市公害患者の会代表委員）、阪紀一郎さん（四日市公害患者の会代表委員）
【第７回】 10月23日（木） 於・磯津公民館	昭和四日市石油と大協石油の増設に反対、磯津での運動について ※共同通信の土井淑平記者の話と、参加者による公害患者の“聞き書き”の予定を変更。	参加者による討論
【第８回】 10月27日（月） 於・磯津公民館	公害と教育、子ども	喜多としさん（塩浜小学校教諭）、倉田はるみさん（塩浜小学校養護教諭）
【第９回】 10月30日（木） 於・磯津公民館	磯津での大気汚染発生状況・病状と対策	大島秀彦さん（三重県立大学医学部助教授）、今井正之さん（三重県立大学医学部講師）
【第10回】 11月６日（月） 於・労働会館	市民学校のまとめ、今後の運動	参加者による討論

組合として動員指令（交通費・日当付き）はやらないで、組合員に自主参加を呼びかけてほしいと相談をもちかけた。しかし、議論は紛糾。結論としては、執行部からの動員指令で行動すれば、何かのときには「救援規定」の適用ができるが、個人参加ではできない、ということだった。

「公害市民学校」は結局、「公害を記録する会」単独で行なうことになり、一九六九年一〇月から週二回、最初と最後の回は労働会館で、あいだの八回は磯津公民館で開催した。教組と自治労には宣伝をお願いし、磯津の町内には回覧板を回してもらった。講師への謝礼は一切出さなかった。

残念ながら、このときは、〝民兵〟は出なかった。しかし、参加者のなかには、四日市本土からも数名、数は少ないが、自分の意志で参加してくれた人たちがいた。

予想外だったのは、磯津の人たち。なかでも母親たちが、「四日市から、わざわざ、こんなところまで来て公害のことを勉強しとってもらうのに、地元が知らん顔しとるわけにはいかん。地元も一緒になってやらんといかん」と、多いときには四〇人余りが参加してくれた。

「公害訴訟は、原告患者九人の金儲けでやっている裁判だ」「コンビナートに勝てるわけがない。そんなのを応援しとったら、えらい目にあう」など、一〇年この方あきらめがちだった公害に対して、公害市民学校は石油工場の増設反対を決め、公害訴訟支援についても議論し、やがては「公害から子どもを守る母の会」が結成され、二次訴訟提起、反公害磯津寺子屋の運動が生まれるきっかけにもなった。

コンビナートの企業、なかでも昭和四日市石油は、ことのほか関心を寄せ、妨害をした。昭和四日市石油は、第二回の講師にお願いしていた石田季樹自治会長を社宅クラブへ招待、石田さんはそちらへ行ってしまった。第四回のときも、昭和四日市石油は、講師をお願いした今村庄磯津漁業協同組合長に誘いをかけたが、今村さんはそれに応じないで、講師をつとめてくれた。

　また、会社からの指示によるものか、自主参加なのかは不明だが、コンビナート企業の労働者も三、四人参加し、磯津での動きを監視していた。

先生と呼んではいけない先生がやってきた

一九七〇年の夏、「公害訴訟を支持する会」事務局の渡部くに子さんから電話をもらった。

「名古屋大学の先生なんだけど、学生さんが『先生』と呼ぶと『さん』と言えっていう、そういう先生が、学生さんを数人連れて事務局へ来てね、私たちで、お手伝いできることは何でもやりますからって……せっかくだから手伝ってもらったら……」

　これが、「先生だけれども先生と呼んではいけない」名古屋大学工学部助教授の吉村功さんと、吉村さんのゼミ所属の学生たちとの出会いだった。公害訴訟に大いに貢献することになる奥谷和夫さんや、市民兵の会の事務所の主みたいになった加藤哲ちゃんもいた。彼らが、その後の四日市公害反対運動に大きなインパクトを与える、強力な〝助っ人〟となっていくとは、そのときは想像もつかなかった。

　吉村さんは、名古屋大学で学生に次のような問題提起をしていた。

「四日市公害の告発運動に参加せよ」

（前略）

石牟礼道子さんは巧みに表現した。「水俣病を告発する運動に参加している人は、義によって助太刀いたすと名乗り出た人達です」

我々の助太刀における大義は何であろうか。ある人にとっては、被害に対する恐怖であり、ある人にとっては、自らを体制的加害者たらしめているものへの怒りである。

また、ある人にとっては、差別されているものとしての一体感であり、またある人にとっては踏み台にしたことへのお詫びである。

我々はそれを自ら見つめなければならない。

我々は、まず、学ぶことから始めなければならない。

特に、公害の被害とはどんなものであるかを血肉化させねばならない。

有名な公害被害地には、悲惨な被害者がみちあふれているなどと偏見を抱いてはならない。それは偏見であり、錯覚である。

どこへ行っても、公害は、きわめて、何気なく、顔を出している。

その何気なく現れている顔の奥に存在する実態を発見したとき、我々は、はじめて、公害闘争の第一歩を踏み出しうるのである。

そうでないかぎり、あらゆる行動に、助力の名に値する質を生じないであろう。

（『公害トマレ』○号に「発刊の提起にかえて」という副題を加えて掲載された）

吉村さんの呼びかけで、名古屋大学工学部を中心に、理学部・教育学部・医学部などからの学生や、講師・助手の人たち、それに、三重県立大医学部や岐阜大の学生が四日市に集まってきた。なかには東京でアルバイトをして費用をつくり、四日市へやってくる学生もいた。彼らの多くは、あまり大学へ行こうとはせず、留年している学生もいた。

裁判は、原告側証人が出廷しての口頭弁論が進み、そろそろ被告企業の証人出廷が近づいているときだった。企業側証人に対しての反対尋問の内容を考えなければいけないときだったので、弁護団にとっても、吉村さんたち大学関係者の出現は大いに助けとなった。

訴訟支援でも、労組や政党の支援活動が中だるみがちで、傍聴席も埋まらないような時期だった。吉村さんと学生さんたちは、口頭弁論が開かれる前夜に四日市へ集まり、対応について討議した。そして、夜はそのまま、翌日の傍聴券を確保するために、学生さんたちが裁判所の傍聴券交付所の前で、寝袋で寝て朝を待つ、ということもしていた。

また、労組の動員で傍聴に来る人は毎回違うので、法廷で傍聴しても内容がよくわからない、つまらない、という声がしばしば上がっていたのに対し、彼らは「本日の裁判の見どころ」といったペーパーをつくり、裁判開始前に傍聴者に配って、吉村さんが説明をする、ということも始めた。

吉村さんは、弁護団会議にも毎回出席するようになり、企業側が出してくる資料や数値などの証拠を一つひとつ分析して反論を作成してくれた。大学の授業に出ない学生のなかにも、優れた知識を持っている者がいて、弁護団を助けていた。

四日市公害と戦う市民兵の会

「公害市民学校」のときには、残念ながら見られなかった〝民兵〟がついに現れた。地元の人ではないが、ああしろ、こうしろと誰かに命令されなくても、自分の頭と手足を使って公害反対のために動く人たちが、既成団体では考えられなかった人たちが現れたのだ。大学の教員、学生だけでなく、コンビナート企業の労働者、教員、市民も「義によって助太刀いたす」と、四日市に集まってくるようになった。

それぞれが創造的に運動をすすめていたのだが、訴訟支援にしても、公害患者への助力にしても、そのよりどころとなるミニコミがほしいという声が上がった。

ミニコミを出すからには名前が必要だということになり、あれこれと意見は出たのだが、共通していたのは、私たちは市民のためにたたかうということと、大学教員も学生も労働者も主婦も、参加する人たちはみんな対等・平等で、大将はいらないということだった。

ミニコミの名称は、私が当時購読していた、小西反軍裁判をきっかけにできた支援組織の機関紙『整列ヤスメ』にあやかって、『公害トマレ』を提案し、了承された。

題字は、四日市市職労副委員長の小平さんが書いてくれた。彼が、手書きで描いた公害裁判のポスターがとてもしゃれていて、私は気に入っていたので、ミニコミの名称を提案する際に、小平さんにマジックで書いてもらったのだが、そのまま創刊以後、題字として使われることになった。

会の名称については、市民「兵」は、軍国主義や赤軍派を連想するから、また、「戦う」よりも「闘う」のほうがいい、といった意見もあったが、吉村さんは、「兵」と「戦う」であるべきとの主張を貫き、「四日市公害と戦う市民兵の会」となった。

余談だが、小西反軍裁判の弁護団に加わっていた弁護士・角南俊輔さんは、私が東亜紡織からの解雇無効裁判を大阪地裁で起こしていたときに、東洋紡織大阪本店に勤めていた、いわば同僚で、陰ながら私の裁判を支援してくれていた。あるとき、私が電車の中で写真を盗撮していた刑事を見つけ、フィルムを寄こせ、渡さないとの押し問答のすえに、刑事に大阪市内でまかれてしまい、終電がなくなった梅田駅の前で、私はどうしたものかと困っていたことがあったのだが、偶然にも角南さんに会い、甲子園口の東洋紡織本店寮に泊めてもらった。寮の風呂を借りたとき、私の顔を見かけた社員が、全繊同盟傘下に指名手配されている私に気づき、角南さんが私の裁判を応援していることを会社の幹部に注進、角南さんは鹿児島出張所に島流しにされるということがあった。

角南さんは、谷川雁や石牟礼道子などによる「サークル村」に加わり、「鹿児島駅のプラットホームは出稼ぎに紡績工場へ出かける少女たちの肉親との別れの涙でぬれている。彼女たちの送金で鹿児島の財政はたもたれている」といった評論や小説を書き、〝女工哀史〟が依然として存在することを告発した。その後、そうした人たちの力となるべく退社し、郷里の浦和で弁護士となった。最初の仕事は、金嬉老事件で、次が小西反軍裁判だった。

ミニコミ『公害トマレ』の発刊

ミニコミ『公害トマレ』は、一九七一年二月二三日、八ページのテスト版・〇号《ゼロ》を刊行した。

「あなたを待つ——参加の呼びかけ——

この小新聞は、あなたがつくる新聞です。公害とたたかう市民兵にとって、このミニコミはかけがえのない武器です。

頑丈でいささかも動ぜぬように見えるコンビナートが、その実はピカピカ光るブリキの塔であったと実感できるときまでわたしたち市民兵は、ゴリアテに立ち向かうダビデのように紙の弾丸を打ちこむのです。……（後略）」

（『公害トマレ』〇号・表紙より）

テスト版・〇号の二ページには、「四日市公害の告発運動に参加せよ——発刊の提起にかえて」という吉村功さんの「市民兵宣言」を掲載。テスト版の編集は、主に坂下晴彦さん。表紙の「よびかけ文」も坂下さんによるものだ。坂下さんは、山内二郎のペンネームで「河口風景」という詩も寄せた。

またも余談だが、坂下さんは、四日市高校から京都大学仏文卒、伊勢新聞社に就職後、三重県職員にスカウトされた。しかし、「六〇年安保」の際、アイゼンハワー大統領の訪日を協議するために来日したハガチー大統領報道官が、羽田空港に降り立った後、デモ隊に取り囲まれ、米海兵隊のヘリコプターで救出されるという、いわゆる「ハガチー事件」の際にデモ隊に参加していて、警察に検束されてしまった。坂下さんは、この件で県に処分されるまえに自主的に県を退職したという経歴の持ち主だ。

『公害トマレ』0号・表紙

坂下さんはまた、吉村さんたちが四日市へ現れ出したころ、「公害と闘う全国行動」と銘打った集会とデモ行動を中心となって開催した（主催：四日市地区反戦青年委員会、全国行動実行委員会、一九七〇年八月二二日〜二四日開催）。

このときの警察・行政・コンビナート工場の警戒ぶ

りは、常軌を逸したものがあった。警察は、一週間前から近鉄四日市駅前の植え木の陰に身をひそめ、それらしき人たちがやってくるのを監視し、市役所の人事課長などは、市立労働福祉会館を貸したことを悔やみ、貸出の許可を取り消せないものかと画策した。最終日の「コンビナート縦断デモ」の際には、一〇〇人あまりのデモ隊の前後左右を、デモ隊を上回る人数の警察機動隊が取り囲み、まるで、機動隊のデモ行進のようだった。また、コンビナート工場側は、自警団を組織して工場内に配置し、デモを盛り上げることに一役買う結果となった。

『公害トマレ』テスト版の表紙写真は、和田久士さんによるもので、磯津の浜に朽ち果てた船を見下ろすように建っているコンビナートの高層煙突とプラント群を写したもの。加害者と被害者の関係がみごとに表現されている写真だった。

日大生の和田久士さんは、東京と郷里の和歌山県太地町とを往来する途中、関西線の窓から見えるコンビナートの異様な光景と独特の臭いが気になって、四日市で途中下車し、学生同士の気安さから名無しの助っ人集団に加わるようになった。磯津にも通って写真を撮り、彼特有の目の粗い焼きつけの写真を、ミニコミ『公害トマレ』に提供してくれた。

『公害トマレ』は、表紙には、人間主体の写真とそれにまつわる詩を掲載。内容は、ぜんそく裁判の動きと問題点、公害患者のこと、公害日誌などを定番として、そのほか、市民兵たちが書いた論文、研究・調査など。いま読むと、そのときどきの運動の動きを伝える貴重な資料でもある。一九七一年二月にテスト版を出したあと、第一号を四月一〇日に発行し、以後、月刊で刊行した。

一番多く執筆したのは、吉村功さん。三須田健などのペンネームでも書いていた。吉村さんは、公害発生源である企業の、数字や数式を用いた素人にはわかりにくい理屈をわかりやすく解説してくれた。自身が持っている知識を、住民たち、患者たちが、企業に対してたたかっていけるよう提供してくれた。吉村さんが執筆した原稿のうち、いくつかタイトルを挙げる。

『平和』産業を許さない——沖縄に対してなしうること」、「わからないと言おう——数値でごまかされないために」、「しらばくれる加害者——なめられたら調べよう」、「公害企業の技術者よ知れ——会社のためという考えが失敗のもとなのだ」、「第二次訴訟のすすめかた——平凡な人間による平凡なたたかいをつくろう」、「マッチ一本ぜんそくのもと——加害者がふりまわす東大型形式論理」、「公害病患者にとって被害とは何だろうか」ほか多数。

共同通信の松田博公さんもペンネームで記事を寄せてくれた。

二号の表紙には、石垣りんさんの「風」という詩が掲載されている。

「風」　石垣りん

東風が吹くと
東側に住む人がよろこぶ。

西風が吹くと
西側の人がよろこぶ。

自分にふりかからない迷惑
他人におよぶ迷惑

片方がとくをすると
片方が損をする。

そういう風が吹きはじめた
四日市の町に。

これは、東海テレビが四日市公害について制作したドキュメンタリー番組「あやまち――一九七〇年夏・四日市」（企画：高橋勇・田中信之／ディレクター：大西文一郎／撮影：中島洋／ナレーション：岸田今日子／詩：石垣りん／放映：一九七〇年一二月五日／日本民間放送連盟賞銀賞）のために、石垣さんが書き下ろしたもの。

番組は、岸田今日子さんが朗読する石垣さんの詩（一二篇）に、四日市のコンビナートや、ぜんそくに苦しむ子ども、子どもを患者に持つ母親たちなどの映像を重ねて映し出した。

「利益」　石垣りん

海を売って十円もうけ
山を売って十円もうけ
空を売って十円もうけ
健康を売って十円もうけ
人買いをした山椒大夫
安寿・厨子王の昔よりも
もっとあくどい会社のあきない
としよりを売って十円もうけ
子供を売って十円もうけ
明日を売って十円もうけ
もとでの安い薄利多売
海を売って十円もうけ
山を売って十円もうけ

空を売って――。

「あやまち」　石垣りん

安らかに眠って下さい
過ちは繰り返しませぬから

あれは広島、原爆慰霊碑のことば。

あやまち　について
私たちはいつも勘違いする
同じあやまちに神経質になる
そしていつも
新しいあやまちをおかす

四日市では
もうずいぶん前から何かがはじまっている

あやまちでなければいい。

番組には、ぜんそくに苦しむさ津子ちゃんの姿も映っている。ある日、私は、さ津子ちゃんの母親から、「澤井さんなあ、夜中過ぎから明け方に発作を起こし、力を使い果たして、発作が治まる夜明け頃、やっと眠るもんでな、学校休ますんやわ。発作が出ないときは普通の子と変わりないしな、よく寝たあと、外へ出たりするわな、そうすると、近所の人が、あの子はずる休みばっかしているって、陰口を言われるのが辛いで、写真機を持って家へ泊り込んで、発作を写してくれんかな。こんなに苦しんどんやわって、その写真を見てもらうで……」とぜんそくで苦しむさ津子ちゃんを写真に撮ってくれと頼まれた。

しかし、とてもじゃないが、子どもが苦しんでいる傍らで写真など私には撮れない、いざとなったらカメラをほって背中をさするのが関の山だ、と話していた直後に、東海テレビの大西文一郎さんからドキュメンタリー番組制作の話があった。私は大西さんをさ津子ちゃんの母親のもとへ案内した。さ津子ちゃんの母親は、テレビまでは考えていなかったので、しばらくためらっていたが、「それでうちの子の苦しみを隣近所の人がわかってくれるなら」と承知してくれた。撮影スタッフは、磯津のうどん屋に泊まりこみ、夜中に発作を起こしたと知らされると、さ津子ちゃんの家へ駆けつけ、撮影した。

「市民兵の会」では、地区ごとに担当者を決めて、四〇〇人ほどいた「公害認定患者の会」の会員のお宅に、『公害トマレ』を配達した。吉村さんは、河原田地区の担当で、『公害トマレ』を渡しがてら、患者さんからは病状や公害の状況など近況を聞き、こちらからは四日市市全体の状況を伝えるなどして、患者さんたちとの信頼関係をつくっていった。地区で問題が起きた際には、市民兵が患者会の役員を患者さんのお宅へ案内することもあった。

河原田地区へ三菱油化が工場を建設する計画が浮上した際には、住民の手で工場の進出をはねのけた。住民たちによる運動が成功した、四日市では唯一の例だが、『公害トマレ』が、河原田地区の工場阻止運動をつなげたとも言える。

『公害トマレ』の定期購読者は全国に広がったが、残念ながら、四日市で公害反対運動に参加している読者は微々たるもので、とくに革新団体の役員からは無視された。

『公害トマレ』の熱心な読者は、第一に患者さんたちであり、次にコンビナート工場のエライさんたちだった。コンビナート工場では、従業員に読者登録をさせたり、労働組合が二部購読し、一部は工場へ、ということもしていた。

行政での関心も深かったようで、私が定年後、シルバー人材センターに入会した際、理事長の小西忠臣さん（元四日市市役所部長、退職後、加藤寛嗣市長後援会、公害対策協力財団理事長を歴任）から、『公害トマレ』の出来がよかったので、シルバーセンターの広報誌と『一〇年史』（その後、『二〇年史』も）の編集をやってくれ、と頼まれたことがあった。また、四日市の「四の日」の市《いち》で、市民兵の伊藤三男さんが、『公害トマレ』の合本などの店を出していたら、市の環境部長がまとめて購入していった。また、環境保全課から、『公害トマレ』の何号と何号がないのでコピーさせてください、味の素の会社に頼まれたんですと、そんなこともあった。

『公害トマレ』の発行は千部ほどだったように記憶している。『公害トマレ』は、一〇〇号で停刊とした。一年ごとに残部をまとめた合本は、全部で九冊になった。

「四日市公害と戦う市民兵の会」は、大学の先生も学生も労働者も主婦も、みんな平等で会長などというえらい人はいない、毎月交代でミニコミの編集をやる二名が、その月の幹事役になる、入会申し込みもない、毎月二回の定例会に出てくる人が市民兵で、例会の幹事と『公害トマレ』の編集担当は交代でつとめる、メンバーは身銭を切って参加すること、といったことがだいたいの決まりだった。学生さんたちはお金がないので、「市民兵の会」の事務所に寝泊まりしながら、何日か万古焼工場へアルバイトに行って生活費をかせいでくる人もいた。

五月には、「四日市公害認定患者の会」会長の山崎心月さんの世話で、材木店の離れの隠居屋を借りることができ、市民兵たちのたまり場ができた。おいおい写真現像・焼き付け機、印刷輪転機、炊事道具などもそろえ、寝泊まりも可能になっていった。

「市民兵の会」には会費もなく、定例会参加の際に、受付の箱に一人一〇〇円を入れることとしていた。『公害トマレ』も一部三〇円としたが、これではミニコミの印刷代にもならない。つまるところ、「市民兵の会」の財政は、吉村功さんの月給や原稿料、講演料によってまかなわれていた。毎月、吉村さんから預かった家賃を大家さんのところへ届けに行くたびに、私は、世の中にはこういう人もいるのかなと感心した。

第二期四日市公害市民学校

「四日市は、その名を全国にとどろかせている。反「公害」闘争の街としてではなく、「公害」の街として……。

そうであるかぎり、コンビナートという怪物は、今日も、明日も、労働者の人間性と厖大な量の油を食って、もくもくと亜硫酸ガスを吐き出し続けることは確かだ。

私たち四日市「公害」と戦う市民兵の会は、「公害」発生源をなくしたいと感じている患者のみなさん、市民のみなさんと共に、コンビナートに〝銃の弾丸〟を打ち込むことを欲しつつ、第二期「公害」市民学校を計画した。

〝頑丈でいささかも動ぜぬように見えるコンビナートが、その実はピカピカ光るブリキの塔であったと実感でき〟……、〝公害発生源をなくすることができる武器〟を求めて……」

（「第二期四日市公害市民学校のよびかけ」文章：坂下晴彦さん）

[第２期公害市民学校]

日付(1971年)	テーマ	講師
【第１回】 ５月24日（月）	私たちにとって石油化学コンビナートとは？　石油化学はわれわれに何をもたらしたか。巨大プラントはなんのためにあるのか……。	近藤完一さん（技術史研究会会員）
【第２回】 ５月31日（月）	公害患者のありよう、磯津の状況などについて。	山崎心月さん、阪紀一郎さん、加藤光一さん（患者の会役員）
【第３回】 ６月７日（月）	公害加害の企業責任を明確にさせ、ストップ公害をめざす公害裁判は、原告以外の公害患者や市民にどうかかわってくるか、ストップ公害をめざすたたかいをどうやっていくか。	大橋茂美さん（四日市公害訴訟弁護団）
【第４回】 ６月14日（月）	四日市公害とのたたかいを総括し、現状把握とたたかいの方向、具体化を明らかにしよう。	前川辰男さん（公害訴訟を支持する会代表委員）、吉村功さん（名古屋大学工学部助教授）
【第５回】 ６月21日（月）	公害発生のセロハン工場を追放した市民運動、風鈴調査などの創意ある市民運動に学ぶ。	大川博徳さん（名古屋市北区住民・三重大教育学部助教授）
【第６回】 ６月28日（月）	四日市ぜんそくなど、公害はさまざまな悪影響を人間に及ぼした。それらについて研究調査は学会などで発表されているが、当の市民は知らない。市民にも発表を……。	宮地一馬さん（三重県立大医学部教授・塩浜病院長）
【第７回】 ７月５日（月）	エライ人の話を聞く ※コンビナートの各工場長に、公害発生当事者の弁を聞きたいと申し入れたが拒否され、知事・市長は代理を出してきた。	大林義之さん（三重県公害局長）、河合一郎さん（四日市公害対策課長）
【第８回】 ７月10日（土）	日本列島の公害原点・四日市へ回帰、四日市公害との関わり、私にとっての四日市。	西岡昭夫さん（三島北校教諭）

第二期公害市民学校は、一九七一年五月二四日から七月一〇日まで、四日市市立労働福祉会館で、週一回、午後六時から八時、計八回開催した。「四日市公害と戦う市民兵の会」、「四日市公害認定患者の会」、「公害を記録する会」が共催として名を連ねた。

Ｂ２サイズのポスターをつくり、電柱や、なかには近鉄四日市駅横の交番に貼ってくる学生もいて、交番から「はがしてもらえませんか」と電話がかかってきたこともあった。この頃は、ポスターや立て看板にしても、「公害反対」の文字が入っていると、警察や土木事務所もやたらとはがすことを避けていた。運輸労組はそれをいいことに、賃上げ要求の看板に「公害反対」の文字を加え、撤去をまぬがれていた。

参加者は、四〇人定員の会場に、いつも六〇人余が集まった。名古屋・稲沢・豊橋・津など市外からの参加者が過半数。学生、労働者、教師、新聞記者、弁護士、主婦、公害患者といった人たち。

磯津でやっていた市民学校は、この第二期と名付けた市民学校で、あとから第一期と名付けられることとなった。

第一期は、当初の発想と異なり、磯津の人たち（被害者）の勉強の場、行動する場となったが、第二期は、発想通り、被害者の人たちと連携して反公害の挙動をおこす勉強の場、行動の場となった。自称〝助っ人〟教室でもあった。

市民学校に参加した人たちの何人かは、その後も、月二回の市民兵例会に参加するようにもなっ

四日市公害と戦う市民兵の会では、裁判傍聴券確保のために裁判所の前で寝泊りしたり、患者宅を訪れ被害の様子を調査するなど活動した。（写真上：1971年８月、下：1971年２月）

た。市民兵たちは、誰にああしろこうしろと言われるわけでなく、仲間と議論し、自分の行動を決めて実践し、そうしたことを例会に持ちより、次の運動につなげる……というように、〝黒衣で助っ人〟を信条に、自分で運動を創る、自ら動くことを大事にした。

「市民兵の会」では、亜硫酸ガスの検知紙検査、気象観測、公害患者の実態調査、磯津での二次訴訟準備、第二コンビナート隣接の橋北地区での青空回復運動、三菱油化河原田工場進出反対住民への助力などに携わった。市民兵たちの出現によって、それまでの一〇年間に、政党や労組など既成の反公害団体がなしえなかった運動が広がっていった。

しかし、市民兵たちは、これらの運動に助っ人、あるいは黒衣としてかかわっていたので、市民兵たちの活躍は、四日市では今でもあまり知られていない。

5．反公害運動は、住民が主体で

反公害・磯津寺子屋と磯津・二次訴訟

原告で最年少の瀬尾宮子さん（三八歳）が、入院中の塩浜病院で亡くなった。裁判中の一九七一年七月のことであった。瀬尾さんは、夫の清一さんが朝早く（午前四時ごろ）に漁に出かけるので、夜は家で過ごし、子ども三人を学校へ送り出した後、塩浜病院へ戻り、空気清浄病室の中で休む、という生活と療養を繰り返していた。

亡くなった日は、末っ子の篤哉君を病院へ連れて行き、夜、ベッドで一緒に寝よう、落ちないようにと、二人の足をひもで縛って寝ていた。ぜんそく発作死だった。

磯津の葬儀場での葬儀には、四日市患者会会長の山崎心月さんも、檀家寺の僧侶とともにお勤めをしてくれた。

葬儀場の前の磯津公民館で火葬が終わるのを待っているとき、そこにいた野呂汎弁護士、ぜんそく患者の子どもを持つ母親たち、市民兵たちなどの中から、「九人以外の患者も裁判をやらなきゃ」

「二次裁判をやろうに……」、火葬の煙の舞いこむ公民館のなかで、誰言うとなく、そういう声が上がった。瀬尾さんの死を無駄にしないためにも、この磯津で反公害の輪をひろげなければ……。野呂弁護士は、「やりなさいよ」と賛同してくれた。

最初の集まりは、磯津漁港の横にある今村しず子さんの家に、弁護士の松葉謙三さん、川嶋冨士雄さん、四日市公害患者を励ます会会長の訓覇《くるべ》也男《またお》さん、市民兵から吉村功さん、加藤哲さん、私、公害から子どもを守る塩浜母の会から石田富士江さん、岡田和子さんたちが集まった。「磯津全体の一〇〇人の原告による二次訴訟を実現させよう」で一致した。

この頃には磯津でも、公害裁判でコンビナートに勝てるという空気が大半となっていた。しかし、子どもが患者の母親たちからは、「裁判で勝って損害賠償のお金をもらうようになっても、空気がきれいにならなければ子どもは救われない」といった声が上がるようになっていた。
「カネではない、青空をとりもどす裁判をしたい」という願いから、子どもが患者の母親たちは、二次訴訟を準備する中心になっていった。

母の会の母親たちは、「二次訴訟参加決意書」をもって患者宅を訪れ、八月には、一〇〇人ほどの患者（親権者を含め）が原告になる決意をかためた。九月一七日には、磯津公民館で「二次訴訟原告団」を結成。半数近くは〝ちびっ子原告〟だった。磯津は漁師町で、陸のことは母親がとりしきることになりがちなので、一〇〇人の原告団を支えるのは母親たちだった。

一次訴訟は原告九名で、磯津の患者の一割という少数であるし、入院患者だったので、〝原告患者不在、支援団体の代理戦争〟などと言われたりしていたが、二次訴訟は、原告患者が名実ともに中心となってやらなければならない、そのためには、公害の勉強をしよう、となった。

吉村功さんを中心に、「訴訟とは――二次訴訟原告団手引き」というパンフレットを作成し、勉強会のテキストとして使用しつつ、市民兵の会は、「公害発生源撤去・訴訟拡大」を訴えていった。

一〇月一日の夜、磯津公民館で、中心となる母親七人と「反公害・磯津寺子屋」と名付けた勉強会への協力を申し出た吉村さんや坂崎さんなどの小学校の先生、学生などの市民兵とで、寺子屋のやり方についての相談をした。

「公害裁判はなんとしても勝たなければなりません。

裁判に勝つだけでなく、公害をなくさなければなりません。

公害裁判勝利・公害源撤去のためには、べんきょうしなければなりません。みんながほんとうに団結していかなければなりません。

だからといって、号令されてやるとか、しかたなしにやるのではホンモノになりません。

それと、たんに、教える、教えられるということだけのものではなく、おたがいにみんなで話しあう、聞く、綴り方を書く、みんなが生徒であり、先生でもある、そんな勉強会にしたい。

もう一つは、いつも母親が子どもを叱る、教えるということだけではなく、子どもの正直な、するどい見方や考え方に、逆に教えられる、あるいは子どもの言い分にも耳をかす、そういったべんきょうができたらと思います。

〝寺子屋〟というのは、古いことばですが、なにかあたたかな素朴な感じがします。」

（一九七一年一〇月、反公害・磯津寺子屋『かわら版』準備号より。文章：澤井余志郎）

この後、母親たちは、「公害から子どもを守る塩浜母の会」として、公害ぜんそく児童のための養護学校の設立をと対県交渉に出かけたり、名古屋での弁護団会議へも出かけ、二次訴訟提起、代理人依頼、対策会議参加、結審集会への参加などをこなしながら勉強にはげんでいった。

「寺子屋は今日で第三回目をむかえました。／一回目はおしるこをたべたり、ゲームをした。／二回目はゲームをしたり、けんちし（注：亜硫酸ガス測定用紙）をしたり、さいばんのことをした。／三回目は、はちみつ入れをつくったり、作文をかいた。／その他、毎週木曜日にもある。でも、木曜日は勉強をしにくる。だから、あまりいやだ。でも寺子屋っておもしろいなあ‼」（岡田さ津子）

子どもたちは、隔週日曜日の「子ども寺子屋」によろこんで出席した。教師市民兵と名大教育学部の女子学生などが、三〇名ほどの子ども相手にゲームをしたり、綴り方を書いて、それを原紙切りして印刷するなどした。子どもたちは、発作を忘れてしまったかのように元気にふるまっていた。磯津の町のなかでそうした子どもたちに会うと、「あっ、寺子屋のおっちゃんだ……」と私も声をかけられたりした。

市民兵は、二次訴訟のための資料づくりにも協力した。そのときどきに名古屋大から学生さんが

磯津の母親たち。二次訴訟提起準備会で（1971年７月30日）

大勢参加してくれ、夜遅くまで、市内のあちらこちらで風向や風速などの気象調査とか、公害患者を訪ねての聞きとり調査を行なった。

　私は、吉村さんのゼミ生で市民兵の奥谷和夫さんと、コンビナートの各工場のプラント・装置、排出量などの現状を知る資料がもらえないかと、三重県公害局の大林義之局長を訪ねた。断られるのを覚悟でお願いしたところ、あっさりと「澤井君に頼まれたら、イヤとは言えないな」と、環境部長室に案内してくれた。大林局長は、公害課の竹内源一課長に、「コンビナート工場の装置の届出書を見せてやってくれ」と頼んでくれたが、竹内課長は、「とんでもない、見せられません。見せるものとは違います。ダメです」と強硬に反対した。「局長の俺が見せてやれって言ってるのに、なんで君が反対するんや。責任は俺がとるんだからいいじゃないか」と言われた課長は、しぶしぶとファイルが並ぶロッカーを開けて、「火力発電所は、通産省の管轄で、県は参考のために写しをもらっているだけなので、火力発電所だけはやめてください」と言い捨て、プイッと出て行ってしまった。

それらのファイルの中身を、奥谷さんとカメラに収めた。写真を撮るうちに、昼食の時間になり、職員は部屋から出て行ってしまったので、そのあいだに、火力発電所の分もカメラに収めた。写真をもとに奥谷さんが、各工場のプラントや排出量についてまとめて、弁護団に渡すと、「これだけのデータがあれば、二次訴訟は十分やっていける。もう少し前にこれが手に入っていれば、今の裁判でも、もっと被告を追い詰めることができたのにな」と言っていた。

課長を叱りとばしてまでしてコンビナート工場に関する資料を見せてくれた大林公害局長だが、いまだになぜそこまでしてくれたのか、その真意はわからない。かつて、私が勤めていた東亜紡織泊工場で労働組合が結成され、私は青年部役員となったとき、労働組合の何たるかもわからないので、三重県の四日市労政事務所に勤務していた大林さんに労組にきてもらい、労働講座の講師になってもらったことがあった。以来、ときどき相談にのってもらうことがある程度で、ことさら親しい間柄ではなかった。大林さんは、そのあと、三重県職員労組本部委員長になった。

公害訴訟の判決の日、傍聴券確保のために並んでいたところへ、「四日市公害に関する卒業論文を書くのなら、澤井君を訪ねたらいい、と言われて……」と大林局長の姪御さんという女子学生が、私を訪ねて見えたが、大林局長からはとくに連絡はなかった。彼女は、大学の卒業後、四日市市役所に就職、市民兵に加わってくれ、四日市港のヘドロ採集などに参加してくれた。

母親たちと助っ人市民兵との、〝金じゃない青空だ〟という「公害発生源撤去・訴訟拡大」の運

「反公害・磯津寺子屋」のちびっこ教室（1972年２月６日）

動は、着実に進んでいくかに見えた。しかし、一九七二年七月二四日の、一次訴訟の「原告患者側勝訴判決」の直後、「二次訴訟ではなく直接交渉で」へ、二次訴訟の方針は一転させられた。中心となった母親たち、市民兵の知らないところで決まったことだった。

「金じゃない、青空だ」と、母親たちが熱心に運動していたのを、誰よりも注目していたのは、コンビナートの企業たちだろう。コンビナート側にしてみれば、「一次訴訟判決で敗れ、そのうえ金じゃない青空だという訴訟、しかもこんどは、原告が前面に出て公害発生源対策を要求されてはたまったものではない」と思っていたことだろう。

また、四日市ぜんそくの原因を大気汚染と追究し、一次訴訟では原告側に立って証言した三重県立大学医学部・吉田克巳教授は、市民兵に二次訴訟のための調査を進めさせながら、「子どもが原告の裁判は難しい。協力できない」と言った。弁護団の中からも「吉田先生がやれないと言う以上、やるべきではない」との意見が出た。産業医学研究所で吉田教授のもとで調査・研究を行なってきた研究者の中からは「子どもこそ、将来どうなるかわからないのだから、訴訟は十分可能だ」という意見も出たが、「教授が駄目だと言えば、従うしかない」となった。

自治会は、一次訴訟のときには、「事前に自治会長になんの相談もなかったので、訴訟には協力しない」と言っていた。なので、二次訴訟の際には、弁護士の野呂さん、郷さん、大橋さんと、市民兵の吉村さんとで、「二次訴訟をやることになったので、自治会長としても協力してほしい」と事前に申し入れ、自治会長の石田季樹さんは、快く引き受けてくれていたのだが……（私はその一部始終を写真と録音に収めておいた）。

磯津患者会の会長・加藤さんは、「おれは立場上、（二次訴訟原告の弁護団への）『委任状』は、全員が出した後、最後に出す」と言っていたのに、訴訟でなく自主交渉で、と方針転換されたとき、「わしだけハブにされて、原告団に入れてもらえなかった」と、弁護団、支援団体、患者会のみんなを前にして発言した。あとで、「話が違うじゃないか」と私が詰問すると、「ああ言っておかんと、支援団体がうるさいんやわな」と弁解された。

市民兵の会がすべてお膳立てして、訴訟ということになれば、支援団体は蚊帳の外、面目丸つぶれ、ということになるのだろう。二次訴訟を進める過程で、支援団体に配慮すればよかったとも思うのだが、そうした余力は、そのときはなかった。

だからなのか、知らないあいだに訴訟でなく直接交渉で、となり、市民兵たちは追いやられ、支援団体にとって代わられた。主導権争いは市民兵は苦手だが、訴訟が交渉に一変した経緯は明らかにされなければならない。

青空が金に代わり、金の部分が大勢を占め、企業はそうしたこちら側の足元を見たのだ。

二次訴訟はこうして、中心となった母親が疎外され、訴訟ではなく自主交渉と方針転換されて、一九七二年一一月三〇日、発生源対策は入らずじまいの「補償協定書」を締結して終わった。

しかし、中心となった磯津の母親たちは、だからといって反公害から手を引いたわけではない。

第二コンビナートでは橋北地区になる。

第二コンビナートと橋北地区

第一コンビナートに隣接する磯津と同じ位置関係にあるのが、第二コンビナートでは橋北地区になる。

磯津同様、橋北地区でも悪臭やガスで住民は困っていたが、第二コンビナートの大協石油は、戦前からある会社で、戦後に石油精製がGHQによって止められていたころ、大協は芋飴や薬をつくるなどして地元との友好関係を重視してきたということもあって、橋北地区の住民には、大協石油に文句を言うのをはばかる空気があった。

橋北地区でも、第二コンビナートに対して「青空回復要求」の声が出ていて協力してほしいと言われていると、市民兵の会の例会で話が出たのは、公害訴訟判決の出た年、一九七二年になってからのことだった。橋北地区でも、毎月、ミニコミ『公害トマレ』の配付で患者宅を訪れていたし、ときには全戸対象のビラ配付を行なってもいたので、市民兵の何人かはこの地区に精通していた。

橋北地区公害認定患者の会の会長は、原田吉男さんで、奥さんが子ども相手の駄菓子屋を営んでいた。公害訴訟の判決の頃には、東橋北患者会として町別の班組織もできてきた。患者さんたちに、まずは公害の実態などについて知ってもらおうと、名古屋大学の学生市民兵たちが、各家をまわり、ときには近くの患者宅に集まってもらい、第二コンビナート工場の重油使用量、亜硫酸ガス発生量や濃度など、わかりやすく説明した。

市民兵の会では、大切なことは、被害者である患者が、加害者である会社にもの申すことができるようになること、われわれ市民兵はその助けをする陰の〝助っ人〟、主体はあくまで患者さん自身であることを徹底するようにした。

公害訴訟判決から約二カ月経った一九七二年九月三〇日、東橋北地区の患者会七〇人ほどが、橋北児童館で集会をもち、公害発生源対策と申し合わせ事項について話し合った。結果、第二コンビナート三社（大協石油〔現コスモ石油〕、協和油化、中部電力四日市火力発電所）へ「青空要求」をしていくことを決めた。

東橋北患者会では、「ぜんそく発作が出ないような空気にしてくれ」「どこどこの方角から出る悪臭をとめてくれ」など、日常生活を送る上での素朴な願いを一一項目の「要求書」にまとめた。これは、患者さん一人一人にどんな被害を受けているか、どう改善してほしいか、何を要求したいか、などを書いてもらい、市民兵も協力し、東橋北患者会の役員でまとめたものだ。

この「要求書」には金銭補償は含んでいない。東橋北患者会では、単独での金銭補償要求は行なわないこと、金銭補償要求は、四日市の患者全体で、四日市患者会とともに進めることを確認していた。

東橋北患者会では、西橋北の患者たちにもこの「要求書」について知らせ、橋北地区全体での行動を呼びかけることにもした。

橋北地区患者会の第二コンビナートへの直接交渉の開始決定は、陰に陽に波紋を呼んだ。

一〇月二日、九鬼市長は「静観する」と記者会見で発言。橋北地区の交渉相手である第二コンビナートの工場の労働組合は、合同で学習会を持った。講師には、原告弁護団の野呂汎事務局長と、四日市公害訴訟を支持する会の前川辰男代表委員が招かれていた。政党や既成団体は、橋北患者会の要求行動に関与しておらず、具体的な内容は知りえていないので、とまどいをもって受け止めていた。

四日市患者会の三役会は、橋北患者会の直接交渉に、「待った」をかけてきた。三役が心配しているのは、行政が仲立ちして患者の補償制度を実現してもらうことになっているのに、いっこうにその気配がない、そんなときに、コンビナートと因果関係がはっきりしている橋北患者会がコンビナートと交渉を始めるという、橋北患者会は金銭要求はしないと言っているが、それはきれいごとにすぎない、いつかってに金銭補償の取り決めをしてしまうかわからない、そうなると、因果関係のはっきりしている磯津と橋北地区以外の患者は補償を受けることができなくなる、そうなったら一大事だ……。

これは四日市患者会三役だけでなく、四日市の患者一般の思いでもあった。そうした空気が、良からぬ動きをしていた人たちに悪用されてしまった。

一〇月一七日、四日市患者会三役、四日市公害訴訟を支持する会、弁護団と、橋北患者会との話し合いがもたれた。橋北患者会の直接交渉を取りやめさせることが主題だった。

「橋北だけで勝手に交渉をやるな。そんな統一を乱すようなことをするんだったら、今後いっさい支援団体は橋北を支援しない。名大の吉村先生ってどんな人か知ってやってるのか……」と、公害訴訟を支持する会・前川辰男代表委員は、吉村功さんを名指しで非難した。四日市公害患者の会会長の山崎心月さんは「いまは工場のほうも相手になっとるけど、そのうちうまく行かなくなったら、名古屋大学の学生が大挙して、ヘルメットをかぶりゲバ棒を持って工場へあばれこむが、それでもいいのか……」と言う始末。

　吉村さんはあまり発言しようとはせず、橋北の患者さんたちの意思を見守るふうだったが、私はあまりのでたらめぶりに、机をたたいて「いいかげんにしなさい……」とどなってしまった。

　支持する会役員の橋本健治市議（共産党）は、市民兵が橋北でとんでもないことをやっていると前川さんたちから聞かされてついてきたが、必ずしもそうではなさそうだと、その場で気づき始めたようだった。しかし、磯津の二次訴訟がそうだったように、橋北には、公害訴訟を支持する会も政党も関与していない弱さがあり、注視していた。

　弁護団からは四人が出席していた。郷成文弁護士は、弁護団きっての弁論家である。横にいた橋北の患者のおばあさんに、しきりに話しかけ説得していた。四日市の患者はみんな一緒に行動しなければいけない、分裂行動はよくない、というような内容だった。

　橋北の患者さんたちは、なんで直接交渉をしたらいけないのかわからんといったふうで、質問したり、意見を述べていた。まとめは、患者で助産婦をしているおばあさんの発言だった。

「橋北の公害について一番よく知っている私たちが、会社に対して、こういう公害をなくしてほしいって要求したり交渉したりするのが、なんで皆さんの気に入らんのかわかりません。それと、吉村先生と学生さんたちの市民兵のことをあれこれ言いますけど、わたしらはいろいろ教えてもらっているだけで、あれこれせえいって命令されてやっているわけではありません。信頼していますから、これからも一緒にやっていきます。公害をなくすためにと思い、勉強もして、会社に公害をなくしてほしいと言っていくことにしたんです。自分たちだけで補償要求をやって金をもらうんではないかと思っているかもしれませんが、私たちは青空要求をしているだけで、金銭要求はしていません。補償問題は四日市全体でやり、橋北だけではやらないって決めています……」

野呂弁護士は、事前に聞かされていたことと実際が違うとわかってくれ、会議終了後、私に「橋北がやろうとしていることは当然やるべきことだから、このまま進めてください。弁護団には僕から話しておくから」と言ってくれた。結局、橋北地区の青空要求はやめることはない、ということになった。

しかし、前川氏と山崎会長の発言は常軌を逸していた。

私はあくる日、山崎心月さんを訪ね、「昨日のあの発言は何ですか。吉村さんも市民兵も、そんなことをする人たちじゃないっていうことは、よくわかっているのに、あの言い方はないですよ」と抗議した。山崎さんは、「橋北の青空要求はキレイごと。患者は補償金を欲しがっているんです」

と言って譲らなかった。

山崎さんは、公害裁判の最中、訓覇《くるべ》也男《またお》市議（公害患者を励ます会会長）の運転する車で、患者一人一人を訪ね、四日市患者会への入会を勧めてまわっていた。しかし、決して入会しようとしなかった患者たちが、勝てないと思っていた裁判で患者側が勝ち、補償金を手にしたと聞いたとたん、「患者会へ入れてくれ、三年分の会費を持ってきた、補償金はいつごろくれるんか」と次々に現れてくる。こうした現実に山崎さんは我慢ならなかったのだ。

しかし、だからといって、橋北地区の青空要求を止めさせる理由にはならない。

一〇月二三日、東橋北患者会は、大協石油、協和油化、中部電力四日市火力発電所の第二コンビナートの三社に「要求書」を提出に行った。

その際、中部電力四日市火力発電所の所長は、要求書を受け取ろうとせず、「亜硫酸ガスは出しているが、公害は出していない」と開き直り、さらに「マッチ一本からどれだけの亜硫酸ガスがでているか知っていますか」と、おかしな質問を患者たちにおっかぶせてきた。

患者たちは、マッチ一本までのことはさすがに勉強していない。グッとつまったが、日ごろから勉強を積み重ねていれば、こういうときに力になるもので、「では、火力発電所の一二〇メートルの煙突から、マッチ何万本分の亜硫酸ガスが出ているか、それをまず教えてください」と、患者の一人が言い返した。すると、中電四日市火力発電の所長は、「もうその話はやめにしましょう」と話をそらす始末だった。

大見得をきった所長は、明くる日の新聞に、デカデカと「四日市火力発電所　亜硫酸ガスは出しているが、公害は出していない」の見出しの記事を書かれてしまい、結局、要求書をすなおに受け取ったが、所長は、数日後には転勤の憂き目にあった。


要求書を出したあとは、橋北の患者たちと三社との直接交渉をいつ、どこで、どのようにやるかが問題となるが、市民兵たちは、交渉は患者自身でこそやらなければならないと考えていた。

そこで、公害訴訟の判決後、磯津公民館で行なわれていた磯津の自主交渉の場に、弁護団や支援団体依存型の交渉の例として、こうならないようにと、橋北の患者さんたちを見学に案内した。

訓覇也男市議（無所属）と中島隆平市議（自民党）のあっせんもあり、大協石油、協和油化、中部電力四日市火力発電所の第二コンビナート三社は、地元・橋北地区の患者たちを無視するわけにもいかず、交渉場所を、市役所の橋北出張所の会議室（三〇名ほどの部屋）にすることを条件に交渉に応じると返事をしてきた。

一九七二年一一月二七日、橋北患者会による第一回の直接交渉が行なわれた。加害者と被害者との直接対峙が実現したのだ。支援団体、弁護団の支援もなく、橋北地区の患者たちは、患者たちのみで企業と直接交渉した。患者たちは、この日に備え、いっそうの勉強もしていた。

「同じ中電の三重火力と比べて、こちらで使う重油の硫黄分は何パーセントですか？」

「今、手元に資料がないのでわかりません」

「わからんことはないでしょう。三重火力で使用する硫黄は、コンマ以下の微量なのに、四日市火力では一・七も使っています。どうしてこんなに違うんですか？　裁判になって負けないことには、コンマ以下の重油を使わない、ということですか？」

患者さんたちの発言・要求は、毎日、公害に痛めつけられている当事者たちだけに、その内容は具体的だった。勉強会での成果もあり、助産婦のおばあさんは自信に満ちて、企業との交渉に臨んでいた。

一方、中電四日市火力発電所は、「わかりません」の逃げの一手。三社とも、あらかじめ回答を文書にして用意したものを読み上げるだけだった。交渉の場には、市民兵も三、四人いたが、発言はしなかった。

たじたじとなった三社は、橋北患者会の実態を知り、以後、交渉に応じようとはしなくなった。かといって、打ち切りの態度も示さなかった。

橋北の患者の会は、「交渉に応じよ」などと書いた横断幕を持って再三、各工場へ交渉に行った。そんなときには、出発前に吉村さんが、交渉のやり方などについて助言をした。

工場側は、このまま交渉に応じないと橋北の患者たちは訴訟を始めるかもしれないし、かといって、吉村功さんと市民兵たちを黙らせる手は見つからない、ということで、大協石油が各社に働きかけ、「公害対策協力財団」の設立に精を出していった。

結局は、〝金でカタをつける〟という、企業のいつもの論理でしかなかった。

三菱油化河原田工場進出反対

磯津で二次訴訟にむけての運動をしている一九七一年冬、鈴鹿川の上流となる内部川が流れる河原田地区。三菱油化は、川尻分工場の対岸にある農地を買収し、三〇万トンエチレンの大工場建設の計画を立ち上げた。三菱油化は、すでに地区の自治会長を抱きこみ、二〇〇人ほどの地権者のほとんどが、売却同意書に署名と捺印を済ませていた。反対の意思を表明したのは二人だけだった。

そのうちの一人が、協力してくれる団体を紹介してほしいと新聞記者クラブを訪ねてきた。応対したのが市民兵をしていた記者だったこともあり、市民兵の会へ案内されてきた。吉村功さんと私とで会い、助っ人することにしたが、私は、これは勝てないなと思っていた。

市民兵の会では、〝助っ人〟について、

「在所の人にとって必要なことは、扇動ではない。要点をおさえた資料と情報だ」

「在所の人たちは、指導を求めているのではない、支援を必要としているだけである」

「在所の人たちが恐れているのは、たたかうことではなく、ひきまわされ、政治の道具にされることである」

といった心得を話し合った。助っ人は表に出ないで、純粋な住民運動として進めていこう、ということにした。

河原田まつりの様子（1972年７月16日）

まず、河原田地区の住民たちは、「ビラを信用しない」と言うので、三菱油化の河原田地区への進出について記事が載っていた新聞を買い集め、名古屋大の学生たちに応援を頼み、六〇〇部ほどを各戸へ配付。その際、三菱油化の進出について、住民と話し合ってくることにした。そして、河原田地区住民を、賛成と反対とに色分けをしていった。反対派の連携は、そこからはじまり、輪をひろげていった。

　河原田地区は、もともと吉村さんが毎月『公害トマレ』を持って患者宅を訪問していたので、吉村さんが、四日市患者会の山崎会長と塚田事務局長を案内して、患者宅をまわった。

　一方、ここでも「公害教室」をやって住民の理解を深めることにした。六部落での公害教室は、吉村さんが用意したスライドを、地元の中心メンバーが上映し、住民たちへ反対を訴えるようにした。そして、ついには、売却同意書の撤回を求める地権者の数が増えていった。

いまのうちは絶対に反対派が不利、だけど優勢になってきたら、政党や団体が共闘したいと言ってくるだろう、そのときには、申し出には感謝しながら後日お願いにいくと言って、彼らに手出しされないようにしたほうがいい、と地元の人たちと話していたが、実際、反対派が有利になってきたところ、政党の人がきた、打ちあわせ通りにして帰ってもらったと、河原田地区の人たちは、あとで笑って話してくれた。


四日市で工場誘致がはかられたときには、地域住民がいくら反対しても成功しなかったが、河原田地区だけは、住民自身の手で工場進出阻止に成功した。

三菱油化四日市事業所長は、一九七二年六月二日、三重県知事に口頭で「進出断念」を伝えた。しかし、これは文書にはなっていない。七月二四日の、公害訴訟の判決の後、政党、労組などの支援団体が、三菱油化の東京本社で、控訴を断念するよう交渉した際に獲得した三菱油化の「誓約書」には、「控訴はしません」のほかに、「河原田工場進出は白紙撤回します」と書かれている。

つまり、実際に反対運動をし、進出を阻止した住民側には、そうした文書は渡されていないので、四日市公害反対運動の〝歴史〟では、三菱油化の河原田地区への進出は、地元住民ではなく支援団体が阻止したことになっている。

ともかく、河原田地区の住民は、公害工場の進出を阻止したことで、やれば勝てると自信をもった。それから何年かして、河原田地区の問題の土地の一角に、魚のあら処理場の建設の話が持ち上がり、全政党の賛成のもと県と市が建設を計画したとき、三菱油化の工場進出反対の中心だった人から、「三菱油化反対で、市民兵は住民から信用を得ているから、こんどは表で助っ人してもらえますから」と、助力を頼まれた。

このときも、私は、しんどいなと思った。しかし、四日市以外からも助力を頼まれ、北海道から九州まで飛び回り、多忙を極めていた吉村功さんとともに、表面でということだったが、助っ人の分をわきまえながら助力、これも、県・市に建設を断念させることができた。

ほんとうの先生・吉村功さん

「先生と呼んではいけない先生」の吉村功さんが、学生さんたちとともに四日市に現れたのは、一九六九年の夏のことだった。

同じころ、水俣では水俣病裁判が提起され、それにあわせて「水俣病を告発する会」が、『告発』と題したミニコミ誌を発行した。創刊号には、代表の本田啓吉さんの、「義勇兵の決意」と題した告発文が載っており、「敵が目の前にいてもたたかわない者は、もともとたたかうつもりのなかった者である」とあった。私は、水俣病を告発する会にあこがれを抱いた。四日市にも告発する会がほしいと思った。そんなとき、吉村さんは名古屋で、ジャーナリストと歯科技工士との三人で「告発三人委員会」を立ち上げ、「四日市公害の告発運動に参加せよ」と提起をした。

四日市に現れて以来、吉村さんたちは、調査や分析にとどまらず、毎月ミニコミ『公害トマレ』を患者さん宅に配り、患者さんたちの話を聞き、生活や運動として必要な情報を提供し、四日市の地元では創ることができなかった公害反対運動をつくっていった。

吉村さんは、コンビナートのエライさんからは、金銭・地位利用の誘惑がまったく通じない、手の打ちようがないと嫌われた。革新団体のエライさんからも敬遠された。

四日市の住民運動に市民兵たちはいろいろ助力したが、「毎月親切な人が訪ねてきてくれて感謝していました。名古屋大学の先生たちでしたか」と、だいぶ後になって公害患者や住民たちが知って驚くほどに、吉村さんたち市民兵は、ついに四日市反公害運動の主役となることはなかった。

学生市民兵のなかには、医者となって四日市で家を構え、公害患者の診察をする者もいたし、教育学部の女子学生は、工学部の学生と一緒になり、卒業することなく子どもとともにヤマギシの実験地へ移り住む者もいた。

吉村功さんは、公害訴訟判決から二〇年後の一九九二年三月、名古屋大学を辞めて東京理科大学工学部教授となって東京へ移った。公害訴訟弁護団事務局長の野呂弁護士などの呼びかけで、名古屋の私学会館で送別の集いがもたれることになった。

私は名古屋へはいつも近鉄で行くのに、その日はJRで行った。JRは近鉄と違って空いていた。私は、「公害の澤井」だとか言われるようになっていたが、なんのことはない、吉村さんという強い後ろ盾があってのことだったわけで、その後ろ盾がなくなっては、もう私も助っ人はできない、そういう思いが募ってきた。私は、会場で次のようにあいさつした。

「……吉村さんがいなくなってはどうしようもないので、私は、助っ人廃業宣言をしようかと思いながら来ました。それにつけても、今まで吉村さんと呼んできましたが、私にとって、吉村さんこそが、本当に〝吉村先生〟と呼んでいい人だな、と今しみじみ思っています」

吉村さんは、東京理科大学でも「吉村さん」で通したようだった。東京理科大学を定年で退官するにあたり、教え子たちが『吉村さんという統計家——薬・ごみ・公害を統計と教育で綴ってきた五〇年』と題した本を編纂した。

また、市民兵では、「先生」と呼ばれない人に、県立高校教員の伊藤三男さんがいる。ミニコミ『公害トマレ』の後半は、もっぱら伊藤三男さんが編集を手がけた。『公害トマレ』への思いは誰よりも強烈で、『公害トマレ物語』（自費出版）の大作も書き上げた。

6. 一九七二年・四日市公害の「戦後」

届かなかった「野田メッセージ」

話は少し戻るが、提訴から五年、四日市公害の発生からは一〇年余り経ち、一次訴訟の地裁判決の日を迎えることとなった。

その日、一九七二年七月二四日は、前日の雨もあがり、この夏の一番の暑さを思わせる一日だった。織機とともに石川県松任町へ疎開して迎えた敗戦の日も、こんな暑い日だったな、私はふとそんなことも思い出しながら津地方裁判所四日市支部へ行った。

裁判所前には、判決報告集会用の仮設舞台と、各放送局のテントが設置されていた。支援者や一般の人たち、組合旗をもち、ゼッケンを着けるなどした労組の人たちにまじって、磯津二次訴訟原告団のタスキをかけた女性たちも来ていた。五四回の口頭弁論の最中には見かけなかった人たちも大勢集まっていた。どこからこの人たちは来たのだろうか、これなら傍聴者を集めるのに苦労することはなかったのに、私はそんなことも思ったりした。

写真を撮っていたら、公害訴訟を支持する会の役員をしている共産党市議の橋本健治さんが、私に「この傍聴券で法廷へ入ってくれませんか」と言ってきた。実は一週間前からの傍聴券確保の座り込みに、市民兵の学生諸君に参加してもらうべく、並んでもらったら、「おまえら市民兵は来るな、人数は足りている」と、実際は不足していたのに断わられていた（しかし、員数外で並んだ）。そんな経緯があったので、「私は市民兵ですよ、それでもいいんですか」と断った。「実は、判決の言い渡しがあったら、弁護団から傍聴席の澤井さんに、指の本数で完全勝訴か、一部勝訴かのサインを送るので、それを受けていち早く法廷外へ知らせてほしいと。弁護団からの指名なんです」。そこで、私は傍聴券を受け取って、法廷に入った。

午前九時、米本清裁判長が、判決文を読み上げた。冨島照男弁護士のサインは、笑顔で五本指、原告完全勝訴判決である。やった、勝った、原告の全面勝利だ！　私は急いで法廷の外にいた公害訴訟を支持する会に連絡した。

「判決主文（要旨）：被告昭和四日市石油、三菱油化、三菱モンサント化成、三菱化成工業、中部電力、石原産業は各自連帯して原告塩野輝美ら一二人に対し計八千八百二十一万一千八百二十三円を支払え。

この判決は仮に執行することができる。（以下略）」

私は裁判所の前にある市庁舎の屋上に上がり、裁判所前の報告集会に集まった人たちが「勝訴、ばんざい」と手を上げて喜んでいる様をカメラに収めた。縦長にすると、人々の後ろにコンビナート工場の煙突が見える。工場に勝った、ばんざい、と手を上げている向こうを、ぜんそく患者を苦しめた有害ガスの煙が変わることなく吐きだされている。なんとも言えない気分になる。これからだな、問題は……。あとの仕事が待っているので、私はその場を離れた。

九分冊になった判決正本を、野呂汎弁護団事務局長から受け取り、吉村功さんと近くのコピー屋さんへ行ってコピーを取った。だから、私と吉村さんは、華やかな「勝訴判決報告集会」の現場には立ち合うことはできなかった。

コピー作業が終わり、裁判所の前へ行くと、原告患者の野田之一さんが、「病院へ行ってくれんやろうか。疲れたし、来られなかった藤田（一雄）さんにも報告したいで」と言うので、車で病院へ向かった。

車の中で野田さんは、「わしな、裁判には勝ったけど、公害がなくなるわけではないので、なくなったときに、ありがとうと言います、って言ったけど、それでよかったやろうか」と、不安げに言った。

さすが、野田さんや、と私は思った。市役所の屋上で、原告や支援者たちのばんざいと、いつもと変わらぬ工場の煙を見ながら私の中に浮かんできたもやもやが、野田さんの話を聞いて、すっきりした。「よう言ってくれた、その通りや……」と私は野田さんに同意した。

あとで、テレビで判決報告集会を見ていたら、記者団に「一番うれしかったことは何ですか」と聞かれ、「加害者は工場だと判決ではっきりと言ってくれた。これからは、堂々と工場に公害をなくせと言える。それが一番うれしい」と野田さんは答えていた。

これまで、工場が何か悪いガスを出しているので自分たちはぜんそくになったのだろうと、工場へ行って「悪いガスを出さんでくれ」と言いに行くけれども、どの工場も「うちじゃない、うちやない」と責任逃れをしてきた。しかし、判決のおかげで、コンビナートの工場が加害者だとはっきりわかった。つまり、これからが本当の公害反対運動だ、青空をとりもどす運動を堂々とやってい

四日市訴訟判決後、裁判所前を埋める支援者や報道陣と、数キロ先のコンビナート（1972年７月24日）

けるようになった、支援者のみなさん、がんばりましょう、ありがとうのあいさつができるようにしてください、と野田さんは心からのメッセージを発したわけである。

公害四日市の〝戦後〟は、「野田メッセージ」に応えての「反公害・青空回復」でなければならなかった。支援者たち、そして手をこまねいていた行政へ発せられた野田さんからのメッセージだったのに、しかし、誰もそれを真摯に受け止めようとはしなかった。

判決後、判決を生かした「反公害・青空回復」の運動は起きなかった。「公害訴訟を支持する会」は、勝訴判決であたかも目的を果たしたかのように解散した。「反公害派」は消えていき、「反動派」の台頭を許してしまった。

勝訴の余韻と反動――判決後から協定調印まで

公害反対運動の高まりによって勝訴判決を獲得したのだと思い込んでいた支援団体が、勝訴の余韻に浸っているとき、「反動派」は、表だってうごめき、勝訴判決を一つ一つ削り取っていった。

一次訴訟・二次訴訟の原告、いくつもの患者会、住民、自治会長、政党、労組、支援団体、コンビナートの企業、行政、それぞれがこの判決から衝撃を受け、判決後、さまざまな思惑をもって動いた。訴訟と交渉、補償と発生源対策、排煙の規制とプラントの新設・増設、いくつもの思惑が同時進行していった。

前章で述べたことと、重なる記述もあるが、一次訴訟の判決後、磯津における二次訴訟をとりやめて、被告六社との直接交渉が妥結するまでの動きをまとめておく。

＊

一九七二年七月二四日、原告患者側勝訴判決で、賠償金の仮執行が認められ、支援者一〇〇人ほどが同行し、被告の六社の工場へ、裁判所の執行官とともに、差し押さえに出向いた。

昭和四日市石油では、仮執行に出向いた弁護団を前に門を閉め、同行していた副代理人の川崎公害訴訟弁護団の篠原義仁弁護士がはさまれてけがを負った。各社とも、一億円ほどの現金を用意していた。賠償金は、六社分を石原産業四日市工場で差し押さえた。このあと、磯津公民館で、原

四日市訴訟第１回口頭弁論の後、裁判所の裏で報告する原告・野田之一さん（1967年12月１日）

告、弁護団、二次訴訟原告や支援団体が集まって「報告集会」。

七月二五日、中部電力を除く五社が控訴を断念（中電は二六日に控訴断念）。

三菱三社と昭和石油の東京本社で、患者支援団体は、前日に引き続き、控訴権の放棄、社長による謝罪、全被害者への補償、公害防止の四項目への回答を求めた。三菱油化は、河原田工場計画を白紙撤回すること、昭和石油は、二万バーレル（実は八万バーレル）の操業は、住民の同意を得た上で行なうこと、立ち入り調査を認めることなどを回答。

七月二六日、弁護団は、「二次訴訟原告団の患者への、判決にそった補償を自主交渉で被告側に求めていき、従わなければ訴訟の準備をする」と決めた。こうしたことを二次訴訟原告抜きで決めたことに異議が出て、急きょこの夜、磯津公民館で二次訴訟原告患者の集会をもった。

「青空を取り戻す二次訴訟を」の母親たちの声は、「きれいごとを言うな、金だ、金だ」の声にかき消されてしまった。この集会の司会を前川辰男氏がやり、「あんたは誰やな、見かけんお人やが……」となじられていた。

結論は、二次訴訟ではなく、自主交渉で「（被告）六社に損害賠償と公害発生源対策を求めていく」となった。

七月二七日、中電の加藤乙三郎社長は、「二次訴訟ではなく話し合いで解決したい」と表明。三菱三社は、「会社側から積極的に自主交渉による救済に乗り出す考えはない」」、三菱油化は、「新たな訴訟が起こるなどの段階で対処していきたい」と発言。

七月二八日、中電社長が、亡くなった二人の原告患者のお墓へ赴き、「四日市の認定患者全体の救済については、県と市が構想をすすめている救済機関に積極的に協力したい。三重火力は、低硫黄重油を使用する」などを表明。

四日市市公害被害者認定審査会は、この月に申請のあった一一人を認定、認定患者は八八六人となった。

七月二九日、弁護団は会議をもち、九月一日に、二次訴訟に代わる第一回の磯津自主交渉を磯津公民館で開くよう、被告六社に申し入れる、自主交渉は、補償額だけでなく、公害防止対策も含める、交渉は、年内終結を目標とし、六社が応じないときは、年内に二次訴訟を起こす、と決めた。

七月三一日、一次訴訟原告、弁護団、患者、支援団体などの約八〇人が、四日市市役所で、県知事と市長に対して行政責任と公害対策を追及。「これまでの公害行政が不十分だった」と、県知事と市長は頭を下げ、「月に一回、磯津公民館へ二人で出向き、住民の声を聞く」などを約束。

八月二一日、一次訴訟原告、弁護団、直接交渉参加者、支援団体など約一五〇人が上京、三菱三社と昭和石油本社で交渉を持ち、先に口頭で約束した立ち入り調査権などについてを文書にしろと要求した。昭和石油は、「増設プラントの操業は、住民の理解を得た上で……」との一文を入れた「誓約書」に調印。

八月二五日、県は市に対し、公害患者救済法にもとづいて、行政が負担してきた医療費と医療手当九人分を六社に請求するよう指示。とりあえず、救済法が施行された一九七〇年二月から七二年五月までの分として、医療費五三三万三九八八円、医療手当九五万二〇〇〇円を被告六社に請求することとなる。これまでの医療費は、財団法人公害対策協力財団が二分の一、残りを国、県、市が負担してきた。

八月二九日、県知事は、「企業による公害対策協力財団の設立を、四日市商議所が中心になってすすめているが、これを九月中に発足させたい。当面、公害患者の医療救済に当たることになるだろう」と記者会見で語った。

八月三一日、弁護団は会議をもち、自主交渉参加者（第一次）一二一人、総額五億七五八五万円の補償要求額を決める。未成年者三〇〇万円、成人・通院五五〇万円、入院六五〇万円、公害病死一〇〇〇万円の四ランク。交渉費用は、一割の五二三五万円。

九月一日、原告患者で裁判中に亡くなった瀬尾宮子さんの長女・喜代子さんは、母親の死によって高校を一年の一学期で退学、主婦代わりをしていたが、この日、福田香史市議（社会党）と、三菱油化所長につきそわれ、復学の手続きをとった。学費は三菱油化、家政婦は三菱化成が援助するとのこと。本人の意思を確認せずにすすめた〝善行〟で、のちに問題を生じた。

同日、磯津公民館で夜七時より、第一回の磯津自主交渉。被告六社は、社長権限を持つ本社の総務部長クラスと代理人の弁護士二〇人ほどが参加。患者側は、自主交渉参加の患者、弁護団、支援団体など一二〇人ほどで、公民館は人でいっぱいになった。患者側は、「判決後の公害防止策を示せ、補償交渉に誠意をもってあたれ」などを要求。四日市公害訴訟を支持する会は、「工場内の配置図、煤煙発生施設ごとの燃料使用量と硫黄分、増設計画などの資料と、公害防止対策を提出せよ」などを要求。補償要求は、患者代表が読み上げて提出、回答を迫った。

被告６社を相手に第１回磯津自主交渉（1972年９月１日）

九月四日、田中県知事と九鬼市長との第一回の話し合いが磯津公民館であり、公害訴訟を支持する会が一八項目からなる「緊急・抜本対策についての要求書」を提出。これに対し、「塩浜と市立病院の小児科病棟に空気清浄機を設置する」ことを約束。そのほかについては誠意をもって対処することとした。

県知事は、昭和石油の増設プラントの運転開始について、「せっかく生まれた子どもだから、角をためて牛を殺すわけにはいかない……」と、操業を認めてほしいと言ったが、患者側はこれを拒否した。司会は、前川辰男公害訴訟を支持する会代表委員がつとめた。

九月五日、第二コンビナートに隣接する橋北地区でも、青空回復の運動を本格化しようと、かねてから市民兵たちの助力ですすめていたが、橋北地区公害認定患者の会は、この日、橋北児童館で「第三回橋北公害教室」をもった。この会合には、各党派市議や、公害訴訟を支持する会役員、四日市患者の会役員、弁護団などがズラリ参加。磯津患者の会の加藤光一会長から、「磯津と同じように橋北もやるべきだ」といった激励もあり、議論の末、今後、各町ごとに話し合って、役員を決めて、学習会をもつことなどを決めた。

九月六日、小山環境庁長官が四日市へ来訪。汚染者負担主義の原則にもとづいた、健康被害者救済基金構想を発表。

九月一一日、公害病で亡くなった南君枝さん（中学三年）、保田精一君（小学一年）、谷田尚子さん（小学四年）の追悼集会を、三重県教職員組合三泗支部が催す。記念講演を吉村功さんが行なった。

九月一一日、経団連（経営者団体連合会。植村甲午郎会長）は、正副会長会議で、環境庁が発表した、公害被害者を企業負担で救済する「公害基金」の構想を大筋で賛成するとした。

同日、磯津患者会、弁護団、支援団体の六〇人ほどが、増設の操業が問題となっている昭和石油と三菱化成を訪れ、説明を受けた。

九月一五日、磯津・第二回自主交渉。補償要求についての回答はなく、企業側は、患者側に診断書などの提出を求め、紛糾。弁護団が資料を提出するとして、その場を収めた。

昭和石油の増設プラント運転開始問題については、患者側は公害対策の点をしつこく追及した。

九月一六日、四日市と隣接する三重郡楠町が、四日市からの「もらい公害」の実態調査の結果を発表。それによると、四日市公害病（ぜんそく）の発生率は、四日市よりも楠町のほうが高いことがわかった。

九月二〇日、九鬼市長提唱の「住民とコンビナート企業との対話」の塩浜懇談会が催された。自治会長から「公害患者が、自治会長を問題とせず患者でどんどんやればいいとやって、患者の要求は聞き入れているが、自治会長の要求も聞き入れてもらわんと困る。一つだけでもいいから、確実にやることを約束してくれ」と、企業に迫る場面もあった。

これまでコンビナート企業や行政が事を進めるときには、地元の自治会長の了解をとっておきさえすればよく、ほかの住民の意向は二の次であったのが、判決後、自治会長の立場が弱くなったことを示す発言だった。

九月二五日、県議会で田中知事は、「昭和石油の八万バーレル増設プラントの運転は、総量規制の枠内なので認めざるを得ない。公害対策協力財団の基金は三～五億円で、当面は健康被害者の救済で、生活保障と医療手当支給を考えている」と発言。

九月二七日、県議会で三重県警本部長は、公害裁判被告六社の刑事責任について、「因果関係が問題だが、捜査しても公訴を維持するに足る証拠収集は、ほとんど不可能である」と、刑事事件にはしないことを明らかにした。

知事は、磯津交渉について、あっせんの労をとる用意があると答弁した。

九月三〇日、東橋北地区の患者七〇人ほどが全員集会をもち、公害発生源対策要求や申し合わせ事項について話し合った。西橋北地区の患者にも、第二コンビナートの三社（大協石油、協和油化、中電四日市火力）への「青空要求」を呼びかけていくことにした。

一〇月二日、九鬼市長は、記者会見で、「橋北患者会の第二コンビナートに対する自主交渉は、因果関係がはっきりしていないので難しいと思う。私としては静観する」と語った。

一〇月三日、大協石油をはじめとして、第二、第三コンビナート企業の労組が、合同で公害学習会をもった。講師は、野呂汎弁護団事務局長と、公害訴訟を支持する会の前川辰男代表委員で、当面する問題に関する質問が相次いだ。

一〇月四日、昭和石油は、磯津の住民代表三〇人を招き、増設プラントについての説明会を開催した。市民兵の会は、この日の朝、磯津の各家へ、「昭和石油公害防止計画のからくり」を説明したビラを配り、「運転開始ノー」を働きかけた。

同日、公害訴訟を支持する会が申し入れ、四日市患者会の役員と、レストランコダマで共闘についての話し合いがもたれた。橋北患者会の直接交渉や、市民兵についても話題にのぼった。赤軍派やテルアビブ空港乱射事件などについて、あたかも市民兵が関係しているかのように語られた。

一〇月五日、四日市患者会から、橋北患者会に対し、第二コンビナートへの直接交渉をやめろとの申し入れがあり、橋北患者会は緊急の会議をもち、話し合った。「隣接する患者が公害をなくせと要求するのは、分裂にはならない。金銭要求は、四日市全体でいっしょにやる。第二コンビナートの三社への直接交渉は継続する」ことを確認した。

一〇月六日、磯津自主交渉団三〇人が、昭和石油へ八万バーレル増設プラントを運転しているかどうかについて、立ち入り調査。公害防止対策がなされていることを住民側が確認するまでは操業しないよう、改めて申し入れる。

同日、磯津・第三回自主交渉で、被告六社が金額回答を出した。「成年者には、原則として要求通りの補償をするが、未成年者は一〇〇万円減額」。また、通院日数などについて、日数未満は減額するなどで、交渉はまとまらず、六社は再考を約束した。

一〇月九日、四日市公害と戦う市民兵の会は、最近とみに高まっている〝反市民兵キャンペーン〟について論議。市民兵は暴力集団で既成組織否定の危険なもの、といった話が患者会に流されている、そうしたデマを流す者、それによって利益を得ようとする者の真意は何か、と話し合ったが、市民兵の事実を知ってもらい、反公害運動の分裂を避け、公害発生源とのたたかいを強めようと話し合った。

同日、公害訴訟を支持する会・前川辰男代表委員は、「うるさくてどうにもならんので、澤井をクビにせい」と地区労議長に言ったのに対し、「なんで社会党にそんなことを言われなくてはならんのか。不都合があれば地区労で考える」と議長は答えた、という。記者クラブの人たちが前川氏に、「なんで澤井さんをクビにしたいのか」と尋ねに行ったら、前川氏は、「そんなことを言った覚えはない」と否定した。

一〇月一一日、四日市患者会三役と、公害訴訟を支持する会常任委員との懇談会で、患者会としては、まず地区ごとに地区組織をつくる、公害訴訟を支持する会へはそのあとに支援を頼む、などが話し合われた。

一〇月一二日、四日市患者会三役の申し入れで、橋北患者会町委員が懇談。四日市患者会から「橋北だけで自主交渉をするな」から始まり、橋北では、患者と四～五人の補佐人（市民兵）だけで交渉をするとしているが、弁護団や支援団体がつかなければ、要求書を持っていっても相手にしてもらえない、そうなると、名古屋大学からヘルメットをかぶったゲバ学生が、工場へ押しかけめちゃめちゃにし、機動隊が出動する、患者会役員はブタ箱へほうり込まれる、それでもいいのか、との忠告。

橋北は、「私たちは、素朴に公害をなくせって要求するだけ、会社が言うことを聞かない場合は、弁護団や支援団体に応援を頼むことにしている……」と答える。

一〇月一三日、磯津住民（といっても主体は患者）と、田中知事、九鬼市長との第三回目の話し合いがもたれた。この日、昭和石油の幹部と、吉田克巳三重県公害センター所長も同席した。

田中知事は、「四日市地域の硫黄酸化物の総量規制を達成するためにも、昭和石油の増設プラントの操業を認めるべきだ」と主張。磯津住民側は、「住民が納得するまでは操業するな、と県として昭和石油に申し入れよ」と対立。

吉田克巳所長は、「操業しても、磯津への公害の心配はない」と、県のプロジェクトチームの総括責任者として細かな数字を並べて力説。住民側は、かつてコンビナートからの排ガスとぜんそくとの因果関係を追究し、裁判でも原告側証人として証言した吉田克巳所長の説明を複雑な気持ちで聞いていたが、「よろしい」とは言わなかった。

同日、橋北患者会は、四日市患者会からの申し入れについて話し合った。「橋北だけでやるな」には納得できない、それに、「ゲバ学生」「ブタ箱」など、脅しじみた話は感心しない、四日市患者会へは、「青空要求はやっていく」と返事をすることにした。

一〇月一七日、四日市患者会三役の呼びかけで、公害訴訟を支持する会の代表委員（前川辰男前市議、橋本健治共産党地区委員長、萩原量吉県議員など）、弁護団の幹部、市民兵、橋北地区各町の委員などが、橋北児童館で話し合いをもった。第二コンビナートへの直接交渉について、四日市患者会からは、「四日市の患者全部がまとまるまで待つべきだ」、支持する会からは、「『エコノミスト』にああいう論文（「いま四日市で問われるべきこと――発生源対策こそ焦点に」、『エコノミスト』一九七二年一〇月一七日）を書くような吉村さんが補佐人についている橋北患者会の自主交渉は支援できない」、弁護団からは、「患者だけでやるなんて甘い」などの発言が相次いだ。

橋北患者会からは、「第二コンビナートの公害について、この悪臭はどこの工場のどのあたりから出ているって、私たちにはわかるんです。それをなくしてほしいって要求することが、なんで皆さんにご迷惑をかけることになるのか、わかりません」、「私たちは、吉村先生や澤井さんなどにいろいろと教えてもらってやってきましたので、これからもそうやっていきたいと思います」「これからの交渉の中で、必要に応じ、弁護団や支持する会にお願いしていきますので、その節はよろしくお願いします」ということで終わった。

一〇月一七日、磯津の住民有志二〇人ほどが集まって、「公害をこうむってきたのは患者だけではない。六社は、一般住民にも補償をすべきだ」と、補償要求について議論。

一〇月一八日、子どもを患者に持つ磯津の母親三人を、福田香史市議（社会党）が車に乗せて県庁へ出向いた。「昭和石油の増設プラントの操業を開始しても、公害発生の恐れはないと言うが、知事としてそのことに責任をもてるのかどうか」と、知事に詰めに行ったという。同行させられた母親たちは、用件も知らされずに連れられて行き、操業ＯＫにされてしまった。

一〇月二〇日、磯津・第四回自主交渉。この日六社は、「補償基準の一部を訂正し、総額五億四千万円を支払う。このうち、支払い総額との差額七～八千万円は、解決一時金として支払う」と回答。子どもへの上乗せがなく、再考を迫り、そのほかについても二七日までに回答を求めることにした。

同日、昭和石油で重油を積み込んだタンカー第一〇千代丸（旭タンカー所属、一一三トン）が、四日市港内で爆発。乗組員三人のうち一人が死亡、二人が重体。

一〇月二一日、昭和石油は記者クラブで、増設プラントの運転について、「住民には十分説明して納得してもらったので、二三日から運転を開始する」と話した。操業を踏み切ることについて、「住民から質問が出なくなった」「住民や患者が納得してくれたとの感触をつかんだ」ことを理由に上げている。

昭和石油は、一九日に、田中知事と地元の塩浜と磯津の自治会長宛てに、①硫黄酸化物排出量は、県の規制値を下回る、②将来はさらに下回る、③規制が強まれば、それに従う、などの「確約書」を提出。

「住民の了承を得るまで操業しない」旨の一文が入った「誓約書」と、磯津自主交渉の相手である四日市公害訴訟を支持する会、四日市患者会、弁護団には何の連絡もない。

一〇月二二日、磯津患者会は、昭和石油の増設プラントの運転について、各町ごとに患者だけで話し合ったが、「即刻抗議」にはならなかった。

一〇月二三日、磯津自主交渉団と弁護団、支援団体の代表二四人が昭和石油を訪れ、この日から開始される八万バーレル増設プラントの運転に抗議。「増産についてなお多くの疑問が残っている段階での運転開始は、継続中の交渉を無視したものである。患者が納得するまで操業を開始するべきではない」との抗議文を渡す。

同日、四日市患者会の山崎会長と副会長の加藤さん、小井さん、阪さんが、県の本田環境部長、市の園浦環境部長に会い、四日市患者会とコンビナートなど二九社との補償交渉がもてるよう仲介してほしいと要請。県と市はこれを了承。一一月六日に、市役所で初会合をもつことを約束した。患者会の「弁護団、支援団体抜きで、ときには笑いながら、なごやかな雰囲気でやっていきたい」との申し出を県と市が受けたもので、波紋が広がった。

同日、橋北患者会三〇人ほどで、「新しい患者が出ないようにせよ」など、公害発生源対策を求めた一一項目の「青空要求書」を、第二コンビナートの三社へ提出に行った。

大協石油と協和油化は受け取ったが、中電四日市火力は、応対に出た所長が、「亜硫酸ガスは出しているが、公害は出していない」とか、「マッチ一本から亜硫酸ガスがどれくらい出るか知っていますか」など、ああだ、こうだと言いがかりの繰り返しで、話にならないのでいったん引きあげることにした。

一〇月二四日、前日の中電四日市火力の所長とのやりとりが、「亜硫酸ガスを出しても公害は出していない」の大きな見出しで新聞に載った。

この日、橋北患者会役員で、再度、中電四日市火力を訪れると、所長は前日とはうってかわっての低姿勢ではあったが、「患者名簿を出せ……」とか、「補佐人は……」など、本質は変わらず。しかし、要求書は素直に受け取った。

一〇月二五日、第二コンビナート三社は、橋北患者会との一一月二日の交渉には出席できないとし、①患者数人とだけ、②工場内でなら交渉に応じる、③交渉には本社幹部ではなく、工場長クラスで、とのことであったが、町委員会では、既定方針通り患者全体での交渉を、と確認した。

この後、第二コンビナート三社の総務課長は、橋北のお好み焼き屋の二階に、橋北患者会の四人の役員を呼び出し、「なんとか金で交渉をやめられないか」と打診。この金は、患者全員にではなく、役員だけに渡すということで、四人はぐらついたが、その中の一人が、「こんなことはやるべきではない」と反省、裏取引には応じないことにした。

一〇月二六日、午後〇時半ごろ、三菱ガス化学の過酸化水素製造プラントが、大音響とともに爆発炎上、爆音は市内全域にとどろき、黒煙が立ち上がった。

一〇月二八日、公害被害は患者だけではないと、磯津住民約五〇人が磯津公民館へ集まり、六社に公害防止対策と補償を要求することを決め、名称を「公害防止磯津住民会議」と決めた。

同日、磯津自主交渉の件で、大協石油と協和油化が「本交渉を前提とした予備交渉をしたい」、中電四日市火力は「北浜町の中電営業所で、患者だけと交渉する」と回答してきた。

一〇月三〇日、四日市市公害被害者認定審査会が、この月に申請のあった一八人を認定。一一月一日現在の認定患者は九二四人となった。

一〇月三一日、『エコノミスト』誌に吉村功さんが発表した論文（「いま四日市で問われるべきこと――発生源対策こそ焦点に」）が問題だとして、弁護団会議で論議が交わされた。この席には、訓覇也男さん（市議・無所属、公害患者を励ます会会長）、萩原量吉さん（県議・共産党、公害訴訟を支持する会）、そして、私も吉村さんとともに出席して議論。今後の進め方などについても話し合った。

一一月三日、第五回・磯津自主交渉。六社は、前回回答から上積みしないと答えたことから、患者側の態度が硬化、深夜までもめた。六社は、途中別会場で協議、支払金額を八〇〇万円増額すると回答したので、次回一八日に再び交渉することにした。

公害患者が公民館で交渉している一方で、公害防止磯津住民会議は、漁協で協議。公民館を出た六社を呼んで、予備交渉。

自主交渉の際、患者側は、昭和石油が増設プラントの運転を開始した背信行為について、「住民の了承を得たとする証拠を示せ」「その事実がないのなら、ただちに操業を停止しろ」と追及。

一一月四日、中電は、大協石油、協和油化とともに、橋北患者会との予備交渉に出席すると申し出てきた。

一一月六日、橋北患者会と第二コンビナート三社との予備交渉が、橋北児童館でもたれた。三社の総務課長を含む一〇人と、患者側は一〇人の患者のみ。三社は、交渉の場所を「工場内か中電営業所で」と主張。「橋北児童館では困る理由を文書ではっきり回答するなら、決裂という事態は避けてよい」と妥協して終わった。

一一月七日、大気汚染公害被害者救済法の地域に指定された四日市、川崎、横浜、富士、尼崎、大阪の六市の市長や担当者、環境庁が集まり、「指定地域連絡協議会」が川崎市で開催された。園浦四日市市環境部長は、「公害患者救済のための基金財団の発足を決めた。事業内容は、川崎市などが考えているものと同じ。運営資金は、市が一億円、企業からの寄付金四億円で、来年一月から事業を始める」と発言。

一一月八日、橋北患者会へ第二コンビナートの三社から、「交渉の場としてなぜ橋北児童館ではいけないのか」の文書回答が届く。市販の便箋と白い封筒で、会社名はどこにもなく、総務課長の個人名が書いてあり、内容も、患者以外の者がいては雰囲気が良くない、などのわけのわからないもの。

この夜の役員会で、①工場が相手では、話にならない、②三社の社長に直接、内容証明郵便で、交渉の申し入れをする、③市民に会社の態度を知らせ、患者たちのしていることを理解してもらう、④そのために、勉強会をこれまで以上に積み重ねる、と話し合った。

一一月九日、深夜、橋北患者会の代表の自宅に、「いまやっていることから手をひかないと、命がないぞ」との脅迫電話があった。

一一月一〇日、磯津自主交渉の打ち合わせ会で、最終的に一四〇人の患者と遺族に対しての補償五億六九〇〇万円について、不満ながらも受諾することを決めた。弁護団の野呂事務局長は、「一〇〇パーセントとることはできなかったが、わずか三カ月たらずの交渉で、これだけの成果をえることができたのは、公害反対運動の勝利のあらわれでもあります」と述べた。

一一月一一日、橋北患者会の勉強会。講師は吉村功さんがつとめた。「第二コンビが加害者であることの事実」をテーマに、排煙、気象、汚染状況などについて説明。中電四日市火力発電所へ要求書を持って行ったときに所長から出された「マッチ一本で亜硫酸ガスがどれくらい出るか」の問いについても勉強。マッチ一本では、一センチ四方くらい、火力発電所の煙突からは、一時間当たりマッチ八億から九億本分の亜硫酸ガスが出ることがわかった。

同日、公害防止磯津住民会議のメンバー五〇〇人ほどが、漁や仕事を休んで六社の工場に押しかけ、抗議文を手渡し、「一八日午後一時までに要求に応じよ、返事がない場合は実力行使に移る」と宣言した。席上、自治会長に、「もっと強く言え……」と、まわりがはっぱをかけながらの交渉に、企業側はたじたじで、「本社と協議してどうするかを決めます」と約束した。

一一月一三日、弁護団会議。田中覚県知事が衆議院選へ、九鬼喜久男市長が県知事選へ立候補することになり、社会党・共産党・労組から「市長選の候補者を出してほしい」との要請にどうこたえるかと討議したが、結論は出ず。

一一月一四日、四日市患者会役員が、市の園浦環境部長に会い、「磯津では、六社が五億六千万円払うのに、四日市公害対策協力財団は、五四社で五億円の基金ではおかしい」と抗議。市は「磯津は、訴訟ではっきり加害者と被害者との因果関係が認められたからだ」と答えた。会合の後、患者から「訴訟をやらないと、どうにもならんのじゃないか」と、訴訟指向の声が出ていた。

一一月一七日、橋北患者会と第二コンビナート三社との第二回予備交渉がもたれ、三社からは総務課長クラス七人、患者側から二四人が出席。三社側から「交渉場所の行き詰まりを打開するため、市・県など第三者の仲介を依頼したい」と提案。患者側は、「米本判決で、市と県も企業と同じ責任が問われたのに、そんな第三者のあっせんは必要ない。患者側は直接の交渉を要求する」と拒否したところ、企業はそのあとは黙るのみ。患者の、「あとどうするかの話し合いはできないのか」に対して、「それ以上のことは、会社から指示されていない」と答え、患者から「子どもの使いよりも悪い」「いや、いまどきの子どものほうがよほどしっかりしている」と、交渉は進展せず、三社は、二一日に文書で再回答することを約束した。

同日、磯津自主交渉の「協定書案」として全七条からなる「六社案」が提示された。第六条「本

磯津自主交渉。昭和石油へ調印式欠席を抗議（1972年11月18日）

協定は、甲（患者側）の早期救済のため、各個人について個別的事情及び因果関係の有無などを問うことなく締結されたものであり、右被害補償に関しては、本協定成立をもってすべて円満解決した」との条文に対し、弁護団は、「『因果関係の有無などを問うことなく』との表現は、判決が認定した因果関係の否定で、判決を尊重していないことになる。これでは調印できない」と削除を要求。

一一月一八日、磯津公民館での磯津自主交渉の調印式に、四日市現地事務所の松葉謙三弁護士宛てに、六社から、今日の調印式には出席できないと通告があった。六社を代表して三菱油化が記者クラブへ来て、「患者側に申し入れてあった必要書類の提出がないので……」と理由を述べていたが、この日、調印に備え、双方の弁護士は書類のチェックをしており、調印式で会おうと別れている。この突然のボイコットは、公害防止磯津住民会議や四日市患者会との交渉にひきこまれることや、発生源対策要求を恐れたもの。それと、患者たちの足元を見透かしてのこともあってのよう。調印式に集まった患者側は、六社の工場に出かけ、あくる朝まで抗議した。六社に、二〇日には必ず磯津公民館へ出向くことを約束させた。

同日、公害防止磯津住民会議の要求に対し六社は、「市を仲介してなら話し合いに応じる」と回答。

一一月一九日、四日市公害認定患者の会第三回総会が開かれ、五〇〇人ほどが出席（過去二回は五〇人ほど）。来賓として、前川辰男（社会党）、橋本健治（共産党）、大島武雄（公明党）、吉村功（市民兵の会）、訓覇也男（公害患者を励ます会）、郷成文（弁護団）、小畑広次（公害訴訟を支持する会）、それと飛び入りの県知事候補・田川亮三の各氏が紹介された。

山崎心月会長が、「被害者が加害者に被害の補償を要求するのは当たり前のこと。そのため企業と交渉を……」とあいさつ。補償制度の早期実現が話し合われた。

会の方針として、①新しい患者が出ないような空気にせよ、②いまの患者の病状が悪くならないような空気にせよ、③患者パワーで完全な青空を、などを決めた。

最後に、「患者一本で弁護団に委任状を出すことに賛成する人は拍手を」と閉会あいさつに立った役員が呼びかけ拍手を得たが、なんのどういう委任状なのか説明もなく終わった。山崎会長が言っていた「青空要求はきれいごと、本心は金が欲しいんです」を裏付ける結果となった。

一一月二〇日、磯津自主交渉の調印式に、六社総務部長名で、「調印は、名古屋の中部電力本社で行ないたい」と文書通告があった。「諸般の情勢から、磯津での調印は無理と考えた」との理由。磯津公民館へは、昭和石油の亀山総務課長がお詫びと釈明にと出かけてきたが、なんの権限もなく、一人いい子になろうとしただけ。「銭が欲しけりゃ、名古屋まで来い」と言わんばかりの、判決前の企業体質丸出しの高飛車な姿勢に戻ったとしか言いようのない振る舞い。患者側にも、そうした振る舞いをさせるスキがあったのかが、問われることでもあった。

一一月二〇日、公害防止磯津住民会議の代表が六社の工場を訪れ、再度交渉に応じるよう、二三日までに回答を迫った。

一一月二〇日、公害患者を励ます会会長の訓覇也男市議（無所属）と、橋北在住の中島隆平市議（自民党）が、橋北患者会と第二コンビナート三社に、「会場は、市の橋北出張所会議室とする」とのあっせんを行い、返事を求めてきた。

一一月二一日、第二コンビナート三社から、あっせんを受け入れるとの連絡があり、橋北患者会も受け入れることにした。それまで、はっきりとした態度を示してこなかった西橋北患者会も、交渉に参加するとの表明があった。

一一月二二日・二三日、磯津自主交渉団一〇〇人ほどに、支援団体から一〇人が参加し、六社が調印を一方的に蹴ったとして、中部電力本社で弁護団と合流、抗議。翌二三日におよぶ交渉の結果、六社と「確認書」を取り交わした。①調印式は、磯津を除く四日市市内で、六社からは、社長などの代表者が出席して行なう、②発生源対策については、各社個別に担当技術者を磯津に派遣して説明、質問を受ける。

交渉のあと、双方の弁護団が協議し、調印式は三〇日、近鉄四日市駅前の農協会館で行なうことを決めた。協定書もその日の交渉で、「患者、遺族一四〇人に対する総額五億六九〇〇万円の賠償金は、調印後二週間以内に六社連帯で支払う」「通院患者が入院するなど事情変化の場合は、協議のうえ差額を支払う」などの七条からなっている。

一一月二七日、橋北患者会と第二コンビナート三社との第一回自主交渉が、市の橋北出張所二階で開かれた。大協石油と協和油化は、早くから会場準備にあたり、ガスストーブ、紅茶、茶碗、スリッパを持ち込むなどのサービスぶり。あとから来た中電は、あわてて持ちに走るといった光景が見られた。会場には三〇人ほどしか入れず、七〇人ほどの患者は交代で会場へ入った。

はじめに、あっせんに入った訓覇・中島両市議があいさつ。患者側は、佐久間町委員（高校教員）が司会をつとめて進行。大協石油（池田総務部長）、協和油化（三輪総務部長）、中部電力四日市火力（村瀬次長）の順で、一一項目の青空請求の回答を一社ずつ述べた。

回答は、いずれも「公害防止に努力している」といったことで、過去の加害・被害には口をつぐんでいた。対して、患者側の発言は具体的で、会社側は困窮していた。吉村功さんなど補佐人と言われる市民兵も三～四人同席していたが、発言はしなかった。

一一月二八日、四日市患者会役員会があり、「橋北は、発生源対策の要求を出して交渉を始めているが、本心は金だろう。そんなものやめてしまえ」といった発言が、橋北患者会の役員に浴びせられた。「せっかくやりだしたのだから、やめるわけにはいかない」と反論。

一一月三〇日、磯津の公害患者と遺族一四〇人（一〇月一日までの認定患者）と、六社との公害被害補償協定書調印式が、四日市農協会館八階ホールであった。補償総額五億六九〇〇万円（要求は六億七一一五万円）。

調印式には、患者側全員と弁護団、支援団体が参加。六社側は、副社長クラスをトップにしたメンバーが出席。まず、患者側の北村団長が署名、つづいて六社が行なった。患者代表は、「青空が戻るまでは握手しません」とあいさつ。調印式後、磯津患者会、弁護団、公害訴訟を支持する会、県共闘は、連名で、「四日市に、真の青空を取り戻すために闘う」との共同声明を発表。

調印式を終えて会場を出ると、市役所前で田中角栄総理が、知事から衆院選に出馬する田中覚候補の応援演説をしていた。「私が公害をなくす」と、威勢のいい演説をして、調印式帰りの磯津の母親たちが拍手をしていた。

「角栄が公害をひどくしたんだよ」と私が言うと、「だけど、わしがなくしてみせるって言っとったで、なくしてもらわんとな」と磯津の母親たちは期待していた。

昭和四日市石油増設プラントの運転開始

一九七二年七月二四日の四日市公害訴訟の勝訴判決後、第一コンビナートの昭和四日市石油は、増設プラントの運転について、（硫黄酸化物等排出量の）「低減の具体的根拠を地元住民代表に示し御理解いただくよう最善の努力をした上で決定いたします」との文言を「誓約書」に入れた。昭和四日市石油は、公害訴訟の原告側勝訴の衝撃と、先の磯津での抵抗に直面して、こうした文言を入れざるをえなかったのである。

しかし、ものの三カ月後の一〇月二一日には、昭和四日市石油は、「大方の住民の了解を得ましたので、増設のプラントの操業を開始します」と、記者クラブで発表し、劣勢を挽回した。そして、「四日市公害訴訟・患者側勝訴判決」も、せっかく得たその成果は内側から崩された。なぜ、そんなことになってしまったのだろうか。その経過を記録しておく。

*

一九六九年七月二七日、「日本経済新聞」に、昭和石油は、西日本進出を計画中だが、本年の石油審議会へは新設申請せず、シェルグループとして、昭和四日市石油の増設を申請する、との記事が載った。

八月一九日、「サンケイ新聞」にも、昭和四日市石油は、低硫黄重油増産と、石油化学原料ナフサ確保のため、増設を申請。計画は、総工費二五〇億円で、日産一八万バーレルの石油蒸留装置を増設するとともに、現在の同装置を一八万バーレルから三〇万バーレルへ改造する。また、現在の間接脱硫装置を拡張、六～七万バーレルの脱硫重油（硫黄分一・一～一・七％）を生産する、との記事が出る。

九月一〇日、「公害を記録する会」は、昭和四日市石油が磯津隣接の楠町小倉に、一一万キロの原油タンクを七基建設することと、昭和四日市石油と大協石油のプラント増設をとりあげた「通信No.4」八〇〇部を、磯津の各戸と支援団体などに配布した。

一〇月一六日、磯津公民館で開催していた「公害市民学校」は、この日、磯津公害認定患者の会の総会を兼ね、昭和四日市石油と大協石油の増設反対と、楠町での昭和四日市石油原油タンク建設反対を決議した。昭和四日市石油と大協石油社長、石油審議会会長、通産大臣、三重県知事、四日市市長、楠町町長へ「反対決議文」を提出。

一〇月一九日、磯津公民館で行なわれた磯津婦人会主催の「戦没者慰霊祭」で、説教を頼まれた山崎心月さん（四日市公害認定患者の会会長）は、極楽浄土の説教の代わりに、公害反対と増設反対を、自治会長を先頭に、町をあげて取り組めと説教した。この説教には、先日の南部ブロック自治会長会議の終了後、三菱油化が、磯津を含む塩浜地区各自治会長を自社の車に乗せ、油化クラブでご馳走したことへの批判が含まれている。

一〇月二〇日、磯津患者会会長の加藤光一さんと水谷吉之助さんなどが、東西南北の四人の自治会長に会い、磯津全体で増設反対署名をやるようにと申し入れ、了承された。

その一方で、自治会長トップの石田末樹南町自治会長は、「一晩待ってくれ」と言うので、待つことになった。

一〇月二一日、石田末樹自治会長が「一晩待ってくれ」と前日言っていたのは、こういうことであった。「昭石さんへ相談に行ったところ、こんなことを言ってきた、どうするや……」

増設反対署名と公害裁判の応援をしないと約束するなら、昭和石油が責任をもって次のことをする。①昭和石油が、磯津に保育所をつくる。②今度の国会で、公害患者の医療救済法案を通過させる。③増設についての説明をするから、患者会として話し合える場所をつくってほしい。その席には、立会人として、市の衛生部長を同席させる。

加えて、昭和石油は石田自治会長に、「反対署名をやめたら、何がしかのお金を出す」とも言った。石田自治会長はその金で、雨が降ると水浸しになる磯津の町の排水を解決する費用に当てたいと考えていた。磯津は、公害激甚地であるのに、市は木一本植えることなく見捨てている。自治会長の思いもわからないこともない。

一〇月二二日、自治会長がもってきた昭和石油の申し入れについて、磯津患者会で検討した。

①増設反対署名をやると約束した自治会長が、当の相手の昭和石油へ相談にいくとはどういうことか。

②国会を通過させるとか、市衛生部長を立ち会わせるとか、昭和石油の態度、おごりは理解に苦しむ。

③保育所をつくることは、市がやることで、すでに磯津からの請願は、市議会で採択されている。

④増設の説明を聞いたところでなんにもならん。公害については「知らん顔」、裁判では「公害を出していません」、「ぜんそく患者がいることは知っているが、当社に責任はない」と言っている

企業が、増設では、このように亜硫酸ガスを低くします、と計算した数字を並べ、公害の心配はないと言うのは理屈に合わない。

⑤患者会と会って話し合いたいというのならば、前提として、公害、ぜんそくを発生させた償いをするべきだ。それが誠意というものだ。口先だけで言っても信用できない。

以上の討議から、磯津患者会では、石田自治会長がもってきた昭和石油の申し入れは拒否することに決め、自治会長代表にその旨を伝えた。

磯津では、全戸対象の署名活動が実施されることになった。

一〇月二六日、磯津患者会の加藤光一会長が、市の公害対策課へ「悪臭でどうにもならん」と電話をしたら、公害対策課とともに、昭和石油の鍛冶谷渉外係長代理ほか四人がやってきた。「こういうときでないと、加藤さんのところへ来られないから」と、増設の話を始めた。「増設が実現したら、地元へ寄付金を出すから……」。加藤さんは、「ここへ来てもらうと誤解を受けるし、話し合うこともないから帰ってほしい」と取り合わなかったら、帰り際に、「増設について亜硫酸ガス濃度などの数字を検討して反対しているのか……」など、開き直っていた。

大協石油の地元、橋北地区では、大協が稲葉町、午起《うまおこし》などの自治会長の増設同意をすでにとっていた。しかし住民への説明会はなく、自治会長も住民に相談や報告することもないままに、である。コンビナートも行政も、「地元の了解」は住民や自治会ではなく、自治会長にしかとらない。

一〇月三〇日、四日市市都市公害対策委員会で、市が、議会にも住民にも相談することなく、公害防止協定を企業と結んだこと、昭和石油の公害防止計画がずさんなことについて論議されたが、白紙に戻せということにもならずに終わった。

一一月一日、「公害訴訟を支持する会」は、昭和石油と大協の増設に対する態度決定はしないまま、この日にまかれたビラには、「患者の会の増設反対に続こう」といったことだけが書かれていた。

一一月四日、石油審議会が開かれ、昭和四日市石油は八万バーレル（申請一二万バーレル）、大協石油は五万バーレル（申請一〇万）の認可が決まった。

この日、地区労幹事会があり、昭和石油、大協石油両社の労働組合は、労使で、「増設を認める、公害を少なくする」といった協定を結んでいると発言した。地区労幹事会では、「会社が公害を少なくすると言っている以上、それを信用すべきだ」となった。

昭和四日市石油と大協石油のプラント増設問題は、公害防止が進まない、青空回帰の展望が開かれない中、磯津患者会と住民、四日市患者会役員のみの反対運動がなされただけで敗北した。とはいえ、この増設反対運動は、カネに屈することなく進めた成果もあった。四日市公害訴訟判決後の原告患者側の本社交渉で、昭和四日市石油は、判決時に完成していた八万バーレル（最初は一二万とごまかしていた）の「増設プラントの運転は、住民の了解なしにはしない」旨を「誓約書」に書かざるをえなかったわけで、完全敗北ではなかった。

しかし、内なる敵の策謀で、せっかくの「誓約書」はその三カ月後には反故にされた。判決後の自主交渉の最中、一九七二年一〇月、昭和四日市石油四日市製油所の増設プラントの運転は開始された。

＊

一九七二年一〇月一三日、急に、知事、市長との交渉が決められ、磯津公民館へ、磯津患者会、弁護団、公害訴訟を支持する会役員などが集められた。公民館へは、昭和石油の総務部長や、鶴巻工務部長なども来ていた。驚いたことに、原告側の弁護団と談笑していた吉田克巳三重県立大学医学部教授は、知事に、「吉田先生、時間ですからどうぞこちらへ」と招かれて、患者側と相対する席の真ん中についた。

司会の知事が、「増設プラントの操業を開始しても、なんら磯津に被害を与えないことを、これから吉田先生に説明してもらうので、よく聞いてください」と前口上し、吉田氏は、得意げに数字を上げながら長々と講釈した。

吉田克巳氏は、公害訴訟で、原告患者側の証人として、コンビナート工場からの排ガスとぜんそくとの因果関係を証言した人である。三重県立大医学部教授にして、県公害センター所長も兼ねている。県立であるから、県知事の命令指揮下にあり、知事の命に従って住民説得に一役買うこともあるだろうが、この問題は、被害者と加害者がするどく対立している問題である。学者の良心に恥じることはないのだろうか。しかも、吉田氏は、もっぱら化学の理論と数字を用い、被害住民の感情に思いを寄せるような態度は見られなかった。

患者側では、あっけにとられて聞く者、何を話しているのかさっぱりわからない者、さまざまであった。同席している昭和石油は何も話さない。知事と吉田氏に任せきりである。知事は、「角をためて牛を殺すようなことをしないようにしてほしい」とも言った。

昭和四日市石油は、磯津で石油審議会への反対署名が進められていたとき、磯津の自治会長に金をちらつかせて懐柔しようとしたり、その頃、磯津公民館で行なっていた「公害市民学校」の講師にお願いしていた自治会長を、当日、羽津山昭和石油団地のクラブへ招待してご馳走して、「学校」を妨害したり（漁協組合長が講師だった日も、同じく連れ出そうとしたが、このときは断わられた）、患者会会長を寄付金で落とそうとしたり、患者会会長が縫製業を営んでいることに目をつけ、昭和四日市石油の作業服をその会社から納品されたことにして伝票を切り、マージンを振り込む工作を持ちかけたり……およそ、人間としてあるまじきことを次々行なってきた。そのことへの反省なり、誠意もなく、数字で患者を黙らせようとするなど、もってのほかである。

こうした数字説明会は効果がなく、患者たちは、操業してもよろしいとは誰も言わなかった。

しかし、説明を聞くということは、そこで了解が得られなくても、行政側は、「ご了解の言葉はもらえませんでしたが、ご説明は十分にさせていただき、当方の言いたいことはわかっていただけたものとの感触を得ました」という言い分にしてしまう。

磯津の公害患者と住民が一番知りたいことは、なんでもカネで済まそうとする企業の体質が改まったのかどうかだ。米本判決で断罪されたのを機に、それまでの加害行為を反省したのかどうかだ。「米本判決を尊重します」と「誓約書」を書いた昭和四日市石油が、本当に反省し、その体質を改めたという証があれば、被害者側も了解・納得するだろう（プラントを増設したのに、汚染が減るなんて考えられないが）。

しかし、そうした住民の思いを一顧だにしない学者は、企業と行政の御用学者と言われてもしかたがない。

他方、こんな話も聞こえてきた。昭和石油が総評国民運動部長に会って、「運転を開始するが、反対運動をしないでほしい。退職後の面倒は昭和石油がもつ……」と頼みこんだというのである。ありうる話だ。

もしこれが本当なら、誰が総評対策を段取りしたのか。石油労組は、総評加盟ではない。中立労連加盟である。総評に顔が利く人の仲立ちがあったはず。それは誰なのか。

こうした経過、布石があり、どういう形で終止符が打たれ、運転開始となったのか。それはある日、現地と支援団体の意表をついて幕が下ろされた。

一〇月一八日、突然、車が自宅の前に着き、「いまから県庁へ行って知事に会うから車に乗れ」と言われ、二次訴訟原告団の中心だった母親たち三人が車に乗せられた。

同乗していたのは、磯津在住の福田香史市議（社会党）と、磯津患者会の加藤光一会長。知事ともなると、そう簡単に会えるものではない。まして市議一年生ではなおさらである。誰かのお膳立てがあってのことである。

儀式のお題目は、「知事は、昭和四日市石油の増設プラントを運転開始しても、磯津に公害を及ぼすことはないと保証できるか」というものである。こんなことは、一〇月一三日に、磯津公民館で、知事と吉田克巳教授からすでに聞いている。

この日の知事との会談については、磯津患者会にも、支援団体にも、弁護団にも何の相談・話し合いもされていない。知事との会談は、住民が昭和四日市石油の増設プラントの操業を了解した、というお芝居のためにセットされたものである。

「磯津の住民代表が、昭和石油の増設プラントの操業開始に同意したと知事に伝えた」と、私は新聞記者から知らされた。すぐに私は、今村しず子さんのところへ行った。

「何しに行ったのか、わからんの。おーい、車へ乗れって言われて、ついて行って、知事さんに会って、福田さんなんかが、昭和石油の増設のことを話していて、わしらは聞いていただけ……」

磯津患者会会長の加藤さんのところへ行くと、加藤さんたちがもっとも嫌う共産党の萩原量吉県議が飛んできた。「了解って、どういうことですか。おかしいじゃないですか」。加藤さんは取り合おうとせずに黙るだけ。私は、加藤さんをせめてもしょうがないとは思ったけれども、なぜ前もって話してくれなかったのかという悔しさは残った。

一〇月二〇日、第四回・磯津自主交渉が、磯津公民館で開かれ、賠償金の上積みがあった患者側は妥結の意思表示はしなかったが、ほぼ了解に傾き、いつ金を手にできるかが気になりだしていた。

一〇月二一日、昭和石油は、「大方の住民の了解を得ましたので、増設のプラントの操業を開始します」と、記者クラブで発表した。「誓約書」の宛先となっている原告、弁護団、公害訴訟を支持する会などには、何の話もないままにである。患者側はなめられたとしか言いようがない。

一部の幹部がしたこととはいえ、こうした裏切りは、結局自分たちに跳ね返ってくる。この後、第一コンビナートの被告六社は、磯津公民館での交渉の場には出てこなくなった。

磯津自主交渉は、直接交渉がもたれぬまま、一一月三〇日に、「カネが欲しくば、六社がセットした近鉄四日市駅前の農協会館の八階大会議室での協定書調印式に出てくるように」と、完全に六社ペースでの終息となった。

やはり、カネでかたをつける企業のやり方は見事に成功した。加害者と被害者の力関係は逆転し、「米本判決」という被害者側の最大の武器を錆びつかせてしまった。

橋北地区の青空回復運動

磯津の自主交渉が妥結した後、四日市の「青空回復」運動と公害発生源対策を牽引したのは橋北患者会だった。

ほかの患者会などから「本心は金だろう」とやっかみを言われても、橋北患者会の直接交渉では、「公害をなくせ」と発生源対策の追及に力を入れていた。しかし、患者たちの要求のままに発生源対策にまで手を出すことになれば工場の操業に支障が出るコンビナート側は、「四日市公害対策協力財団」づくりを急いだ。

患者に金を渡すことで発生源対策への追及をかわそうとするコンビナート側の狙いは当たり、橋北患者会の「青空回復」の声は、「いますぐ四日市の患者全体への補償を」の動きに押し切られてしまった。

＊

一九七二年一一月二九日、中部電力社長は、「患者との直接交渉は、今後は行なわず、財団などを通じて行なう」と記者会見で語った。患者との直接交渉では、逃げ場もなく、妥協の工作もできないことを知ってのことだろう。

一二月六日、市内中央部の常徳寺で、四日市患者会と弁護団が初の会合をもった。患者会から「すぐに委任状を出すので、損害賠償請求の裁判をやってほしい」と申し出がなされたが、「委任状を出すから、あとは弁護団でやってくれ、では安易すぎる。橋北がやっているように、まず会社との直接交渉など、地区ごとに患者自身で運動することが大切だ」と、野呂弁護士が発言。その線で進めることになった。おかげで、吉村さんなどは、各地区の患者会の学習会に呼ばれることが多くなった。

一二月八日、第二回の橋北・直接交渉の日取りと会場についての返事がないので、橋北患者会の役員が、窓口の大協石油へ抗議に行った。

同日の夜に開かれた四日市患者会役員会で、山崎心月会長が辞任を表明。理由は、判決後に、知事と市長に会った際、行政が仲立ちしての補償制度をつくることを約束したのに、その後、行政はいっこうに実現してくれないことへの不満。それと、患者たちが、「金」「金」で騒ぎ、挙句の果てには個人攻撃をする浅ましさに我慢ならなくなった、という。

これについては、この一週間前ごろ、山崎さんのお寺で、四日市患者会の山崎会長と塚田事務局長、公害患者を励ます会の訓覇会長、そして私とで、行政にどう働きかけるか、などを相談していたとき、患者や遺族の数人が、押し入るように入ってきて、「こら坊主、お前は企業からいくらもらった、承知せんぞ……」と、暴力団ぶり丸出しで、そこにいた山崎さんたちを罵倒しだしたことがあった。

こうした銭金の騒ぎは、山崎さんにとっては耐えられないこと。山崎方式は、とにかく行政が主導権を握って企業を説得し、行政の仲立ちで、企業と患者のみとの穏やかな交渉による解決、なわけだが、患者たちはどうにもならない。それと、橋北地区患者会のように、まず地区ごとに運動すべきだという弁護団の方針も、山崎さんの志とあわない、との思いがあってのことだろう。塚田さんは、事務局長を続けると言った。

一二月二五日、四日市患者会は、財団準備会に、「米本判決に沿わない財団は認められない」（補償金は磯津なみに）と申し入れた。

一二月二七日、公害防止磯津住民会議が、六社との第一回交渉を市役所でもち、「住民に謝罪せよ」「抜本的公害対策を明らかにせよ」「環境破壊の被害補償をせよ」との要求書をつきつけたが、企業側は、終始、相手にしないという態度だった。

一二月二九日、弁護団は、市内六ブロックにわかれ、患者たちと話し合いをもった。訴訟などに備え、患者の実態調査表を配布、記入してもらうことになった。

一九七三年一月一日現在の公害認定患者は九六三人。判決時は、八七九人なので八四人増。

一月九日、中央地区で、市民兵制作の「公害訴訟の手引き」をテキストに勉強会。講師は、松葉謙三弁護士と吉村功さん。この後、ほかの地区でも同様の勉強会を開催。

一月一六日、九鬼市長が、年末の三重県知事選に立候補（落選）したのに伴い実施された市長選で、前川辰男（社会党）、稲垣重郎（共産党）候補を破り、岩野見斎前助役が当選、市長となった。

岩野市長は、「四日市公害対策協力財団は当初、基金一億円、寄付金四億円で一月中に発足させる予定だったが、患者たちの意向から見て、これではとても無理な情勢なので、県・市・企業の三者でさらに検討を加えている。問題点の一つとして、市としては、先に磯津の患者たちが、自主交渉で得た一人当たりの補償金額四〇〇万円の六～七割をめどに、三月末までには発足させたい」と、記者会見で語った。

一月二九日、橋北患者会が、窓口の大協石油へ、「直ちに患者全員と交渉せよ」の横断幕を掲げ、抗議と要求の行動をこの日から始めた。この行動には、患者は必ず一度は参加することを申し合わせ、連日行なった。

大協は、「三社で相談し、直接交渉についての態度を文書で回答する」と約束した。大協は、橋北患者会が行くと、門を開け会議室へ案内するが、四日市患者会が行くと、門を閉ざし相手にしようとしない。

このころ橋北患者会では、第一コンビナートの三社が交渉に応じないときには、訴訟も考えようとしていて、吉村さんや名古屋大学理学部助手の河田昌東さんの指導で、深夜にも風向き、風速調査や、SO_2（二酸化硫黄）濃度分析など、訴訟を意識しての検討に入っていた。また、医学部の助手をしている人は、患者が飲んでいるぜんそくの薬を集め、症状を聞き、薬に関する助言を行なってもいた。

大協石油は、顧問弁護士に「橋北の患者が訴訟を起こした場合、三社は勝つか負けるか」と相談したところ、「磯津と同じ関係にあるので、敗訴する」と言われたという。

大協石油は、橋北患者会と市民兵を抑えることができなかった。

磯津の二次訴訟原告たちが、「金じゃない、青空だ」と本気で発生源対策の勉強と運動に取り組んだので、第一コンビナートの六社が補償交渉に応じざるをえなかったように、大協石油は橋北患者会が本気で青空回復・発生源対策を望んでいるのを見て、それまで積極的でなかった企業をまきこんで、財団作りに乗り出した。四日市公害対策協力財団の準備委員の企業の担当はどこも課長なのに、大協石油だけは環境保全部長で、事務局の商工会議所に詰めて財団づくりに奔走した。

二月七日、橋北地区の患者全員による抗議行動に対して、窓口となっている大協石油から、池田環境保全部長の名前で回答が届いた。

「現在私が、関係方面多数の意向である『四日市公害対策協力財団』の早期設立のため、最終的に出された多くの問題点のとりまとめと解決を図るべく、社業務を中断して、行政当局との折衝ならびに企業間の調整に鋭意重ねておりますので、事情ご賢察の上、話し合いの時期についてはご協議いたしたく存じます」

二月八日、四日市患者会が四班編成で、一五社に直接交渉の要求書をもって集団で行動。企業は、事前に打ち合わせをしていて、どこでも同じ対応をした。「要求書は受け取らない」「発生源対策は、県・市の指導でやる」というわけである。

四月二七日、橋北患者会は、この日も大協石油へ直接交渉の再開の要求に行くが、「橋北の患者のみなさんとは話し合いを続ける気はあるが、現在は事情があるのでできない」と答えるのみ。財団さえできれば、患者はおとなしくなる、それまでは……といった考えが透けて見える。

四月になって、県と市、財団準備会、患者会、弁護団、それぞれの動きがあわただしくなった。

五月一〇日、四日市患者会と財団準備委員会との交渉が、四日市商工会議所の大会議室でもたれた。一五〇人ほどの患者が参加。怒号が飛び交う一幕もあったり、松葉弁護士による財団案のインチキ性追及もあったが、財団側は、まともに答えられる権限が与えられてはいないようで、はっきりした態度表明をせずじまい。

「四日市公害対策協力財団」設立の趣旨は、「四日市地域に立地している企業が、社会的責任にもとづき、公害患者が安心して治療に専念できるよう、その生活安定、生活の保障を築く」との説明があったが、これに対し、患者から、「社会的責任とは何か。生活保護か、損害賠償か」と問われ、「どれかと言われても、社会的責任とは新しい制度で、従来ある制度とは異なった新しい性格のものであるとしか言いようがない。したがって、損害賠償そのものではない」

これでは、言うほうも、聞くほうも、さっぱりわからない。

つまりは、なんでもいいから早く金をやって、患者を黙らせよう、裁判なんてことにはさせないようにしよう、ということである。

五月一六日、中部電力は、「こんにちは中電です」なる広報作戦を始めた。橋北患者会の役員宅には、火力発電所の課長が来て、「橋北の患者さんががんばったので、財団の補償額も磯津並みにしました……」と話しかけてきた。「橋北患者会から金を要求したことは一度もないのに、その言い方はなんだ」と抗議したが、とにかく、財団を作ってしまえばこちらのもの、といった態度がみえみえであった。

四日市患者会は、財団作りに取り込まれてしまった。

患者会や弁護団の思いとはかけ離れたところで物事が進められていく混乱状態の中、五月二五日、「四日市から公害をなくす労働組合会議」の結成大会があった。社会党、共産党、民社党、県労協のほか、四日市患者会と弁護団が来賓で招かれた。

この「労働組合会議」には、同盟労組も参加した。「患者救済」「発生源対策」を柱にした運動方針を掲げていたが、役員にはコンビナート企業の労組や中部電力労組が就き、公害訴訟を担ってきた自治労や教職員組合は影をひそめていた。

患者たちは、財団との交渉で、商議所の一室を占拠したものの、展望が見えないときだった。橋北患者会は、この占拠にお付き合い程度でかかわった。

財団との交渉のための共闘会議には、労組会議の大協石油、昭和石油などの組合幹部が出席、患者会や弁護団と協議をしていた。労組会議の事務局員でもあった私は、労組会議の何たるかを知っていることもあり、野呂弁護士に、「敵性の労組会議と共闘会議をもつとはどういうことですか」と尋ねたが、「彼らは、公害訴訟で何も支援しなかったことの反省で参加しているんだから……」と人の良さを表していた。労組会議役員は、共闘会議が終わると、さっそく飲みに連れ立って行った。金はけっこう潤沢のようであった。労組会議役員の本質は、あとになって露呈する。

私は、四日市患者会の役員に、「商議所に座り込んでも、企業はちっとも困らない。コンビナート隣接地区の患者が、交渉に応じろと工場へ行き、門を閉められたら、その場に座り込んだらいい。そうしたら、こちらからテントを持っていくから」と提言したが、共闘会議にそうした提案をしたのかどうか。結局、二二日間の占拠によって、企業側が患者と弁護団からの要求について話し合うということはないまま、四日市公害対策協力財団は、県知事が認可決済をし、見切り発車で発足してしまった。

四日市公害対策協力財団から患者と患者の遺族宅に、署名と捺印、銀行名、口座番号を記入し送り返してください、そうすれば、あなたの場合は認定が何年何月だから何円の一時金を振り込みます、といった申請書が送られてきて、患者たちは返送し、企業の「社会的責任」とかいう金を受け取った。

橋北患者会では、「こんな金をもらったら、青空要求は続けられない。裁判もできなくなる。もらうべきではない」とする意見が多数出て、財団へ申請書を返送するのをためらっていた。

そのうち、私は新聞記者から「橋北以外の患者は、ほとんど財団に申請したようですよ。橋北はどうするんですか」と聞かれた。橋北も財団からの金をもらうべきだと私は思った。市民兵の会は「引き回しをしてはならない」が、患者・住民運動にかかわる際の鉄則だが、このときはあえて橋北患者会会長の原田さんに、「もらっていい金だから、大きな顔をしてもらいなさいよ。みんなにもそういいなさいよ。裁判をするんだったら、その金を使えばいいんだから」と私は言った。

子どもが患者の母親が、「絶対にもらわない」と言っていると聞いたので、私はその家へ行った。「汚れた金でもないのだから、もらう手続きをしたらどうですか」と私が言うと、母親は、手にしていた財団から送られてきた書類を私へ投げつけた。「こんな金をもらえますか。もらったら、あとは何もできなくなるでしょう」と怒って言った。

父親は黙っていた。患者である子どもは、ぜんそくがひどく、三重県中部の山間部で、ぜんそく児童専門病室のある白山町の県立一志病院に入院し、病院の隣の家城小学校へ通っていた。発作が治まり四日市へ戻ると、またひどい発作が始まり、再入院する、ということを繰り返していた。

「金をもらってもぜんそくは治らない。青空要求はやめるわけにはいかない」

まったくの正論だった。返す言葉もなく、私はその家をひきあげた。

のちに私のこうした振る舞いは、ダラ幹のやることとして学生市民兵から批判されることになった。吉村さんも私とともに徹夜の糾弾にあった。

橋北地区は、少数だが、何としても「青空要求」を続けたいという強い意志をもった患者と、子どもを患者にもつ親たちがいて、第二コンビナートの企業を被告にして公害裁判をやりたいと、その頃、弁護団の松葉弁護士に相談をした。しかし、「もう裁判ではなく、財団から補償をもらったほうが金額は多いので、そうしたら……」と断られた。金額で言えば、磯津の場合、入院患者は、自主交渉では六五〇万円、判決では、同じ入院患者なのに、石田かつさんは三七〇万円、石田喜知松さんが五五二万円であった。

公害にさらされてきた苦しみは、簡単に金で片がつくものではない。「どうしたらいい」と相談をもちかけられ、「川原町で万古焼の型枠作りをしている人の息子さんが弁護士で、こっちの弁護団に入っているから、父親の線から井上哲夫弁護士に相談をしてみたら……」と私は答えた。橋北の患者たちはさっそく、井上弁護士を訪ね、「代理人になってもいい」という返事をもらって喜んでいたが、手弁当でやってくれるわけでもないし、弁護費用が大変だ、井上弁護士も本気で引き受けてくれるのか、もうひとつはっきりしない、などとするうちに、いつしか立ち消えになった。

その一方で、かくなるうえは本人訴訟をやろうと市民兵で考える者もいた。その頃、作家の松下竜一さんたちが、九州電力豊前火力発電所建設差し止めの訴訟を本人訴訟で行なっていたので、第一回の口頭弁論の際、橋北の患者と市民兵とで小倉の裁判所へ傍聴に出かけた。被告代理人の中には、四日市の裁判所で見かけた三菱の弁護士もいた。原告団は素人なので、裁判長に録音の許しを得たものの、録音ボタンを押すべきところを再生ボタンを押してしまい、突如として神聖たるべき法廷に、威勢のいい音楽が鳴り響くハプニングもあったりして面白かった。しかし、原告たちは、裁判長にいちいち次は何をしたらいいかを尋ね、裁判長から「弁護士を頼むことにしてくれませんか」と言われ、「みんな断わられてしまって……」と答えるしかなく、裁判長は渋い顔をしていた。面白いことは面白いが、患者自身が代理人なしでやらなくてはならない本人訴訟がふさわしいのかどうか、私は考え込んでしまった。

その後、本人訴訟は立ち消えになったと思っていたところ、学生市民兵は、「青空要求」への強い意志を示していた母親たち四～五人と、「澤井、吉村には絶対に話さない、知れると潰されるから」と、訴訟に備えての勉強会を続けていた。あとで、私はメンバーの夫妻から聞いて知ったが、悪いことをやっているわけではない、むしろ、ようそこまでやったなと感心した。「最終的には、みなさんが判断することです。誰に気兼ねすることなく決めたらいいのでは……」と、私はその夫婦に答えたが、こちらがどうすることもなく、立ち消えになった。

かくて、橋北地区での患者と市民兵との「青空要求」活動は潰えたが、財団から金をもらって終わったわけではない。

橋北患者会では、霞地区の第三コンビナートのための追加埋め立て問題にも取り組んだ。橋北から霞地区まで、反対の意思表示をしようという〝歩こう会〟で、霞地区の突端まで行った。すると、ついこの前までなかった鉄柱の門が作られていて、海岸道路をふさいでいた。市民兵の伊藤三男さんは、埋め立て予定の浅瀬に「埋め立てるな」と文字を大きく書いた。

橋北地区患者会の象徴であった原田吉雄さんは、弁護団と患者会が制作した映画の完成間近、ひどいぜんそく発作に襲われて、病院で発作に苦しむ自分の姿を映像に残し、一九七六年に亡くなった。映画は、『ほんとうの青空を』というタイトルの三〇分の作品。ナレーションは、樫山文枝さんが引き受けてくれた。

公害訴訟を支持する会の分裂

公害訴訟の判決が確定し、磯津二次訴訟も自主交渉で終了したので、「公害訴訟を支持する会」は、その任務を終えたとして、支持する会運営委員会は、四日市公害訴訟を支持する会を発展的解消し、四日市公害をなくす会を結成して、支持する会を引き継ぐことを決めた。呼びかけ人には、訴訟で証人になってくださった学者先生などが名を連ね、準備活動を進め、一九七三年九月一日に、「四日市公害をなくす会」結成大会を開催することが決まった。

これに対し、突如として、社会党幹部と地区労事務局長が、八月二四日に、準備会活動もないまま「四日市から公害をなくす会」を結成した。

「四日市公害をなくす会」は、予定通り九月一日に結成大会を開催し、発足した。新聞は、「からなくす会」を社会党系、「をなくす会」を共産党系と表示した。

・【四日市公害をなくす会】代表委員：田中秋男（高教組委員長）、副会長：多田雄一（三泗教組副委員長）

・【四日市から公害をなくす会】代表委員：前川辰男（社会党市議）、副会長：山田見次（社会党県議）、事務局長：片山一男（地区労事務局長・社会党支部幹部）

私は、この二つの会の入会チラシの作製にかかわった。「から会」は、地区労事務局員として、「なくす会」のほうは、橋本健治市議（共産党）に頼まれてである。印刷屋には、同日に印刷物を届けてくれるよう頼んだ。

「から会」は、もっぱら県議を通して、コンビナートの災害事故の情報を入手し、会報に掲載し、コンビナート各社の増設内容なども掲載した。私は、そうした資料の入手にはげみ、それなりの資料記録を残すことで、月給をもらっての仕事とはいえ、分裂行動に関与していることの後ろめたさを紛らわした。

公害訴訟判決後に、被告のコンビナート六社が出した「誓約書」には、各社の「公害防止の努力を点検確認するため」の立ち入り調査を認める旨が明記されていた。しかし、「誓約書」の宛先である「公害訴訟を支持する会」の後継団体が二つに分裂したことで、せっかくの「立ち入り調査権」は踏みにじられてしまった。「から会」の結成は、そうするためになされたとしか思えない悪辣さであった。

この二つの「なくす会」は、それぞれに印刷物を発行したりしていたが、公害訴訟を支持する、といった明確な目標をなくすことで、どちらもいつとはなしに消えていった。

なお、『四日市市史』には、「四日市公害をなくす会」のことしか載っていない。私は、校正を見たとき、「から会」が載っていないことを知ったが、歴史はそれでもいいと思ったので、あえて市史編纂室には何も言わなかった。

7．このごろの革新ってどうなっとんのや

二酸化窒素（NO_2）の基準緩和

一九七二年の公害訴訟の判決後、公害規制基準は、厳しくされることはあっても、緩められたことはなかった。しかし、一九七九年七月三〇日、三重県は、「公害防止条例」を改正し、二酸化窒素の環境基準を緩和した（日平均値〇・〇二ｐｐｍを〇・〇四ｐｐｍへ引き上げた）。

この基準緩和問題は、国の段階でまず問題となった。当時、東京都公害局（公害研究所）次長だった田尻宗昭さんから私へ連絡が入った。環境庁の若手職員の話によると、基準緩和に向けて鉄鋼連盟や自動車産業界が運動をしている、審議会で吉田克巳三重大学教授が緩和への賛成を表明するらしい、なので、〝吉田対策〟をしなくてはならない、四日市へ行くから、みんなを集めておいてほしい、ということだった。そこで、私の自宅で、吉村功さん、谷山鉄郎さん、市民兵の高校教員などが集まり、話し合いをもった。

当時、鉄鋼、自動車とも、基準緩和に向け、政界を巻き込んでの異常な動きをしていて、福田赳

夫総理が、じきじきに橋本道夫環境庁大気保全局長に、緩和のために努力せいと迫り、定年後の筑波大教授のポストを約束したとか、審議会委員の大学教授に研究費名目の何千万円という金が渡ったとか、そんな話を耳にした。

田尻さんは、中央公害審議会の委員の学者に会い、真意を確かめようと、テーブルの下に録音機をしのばせ、カセットテープの裏面を録音しようとして、再生ボタンを押してしまい、相手に、「失敬な」と怒られた、とあとで話してくれた。

しかし、二酸化窒素の基準緩和は、国策とばかりの騒動で、大きく緩和されてしまった。

国の基準緩和を受け、三重県でも公害防止条例改正、二酸化窒素の基準緩和が議題にのぼった。三重では四日市公害があるので、さすがに大声で基準緩和を叫ぶわけにもいかず、さりとてこのままにしてはおけないと、保守・革新ともに困り果てていたとき、救いの神の存在に気づいた。「吉田克巳先生のご意見を承ろう」と県議会が決めた。

最初の公害犠牲者となった古川喜郎さんを解剖し、死因を大気汚染によるものと究明した吉田克巳教授は、二酸化窒素の基準を緩和しても差し支えないと返事した。県議会では、あの高名な吉田先生がいいと言うのだからと、反対する議員は共産党と公明党の二人だけとなって、三重県でも基準緩和が決まってしまった。

田川知事の支持組織である三重県教組（議員団）と社会党は、弁明のため「三教組新聞・号外」「社会党三重県本部弁明書」をそれぞれ発行した。

かくして、四日市では、三浜小学校の測定点での基準オーバーも、この基準緩和によって「基準以下」となり、二酸化窒素公害も、なくなったことにされた。基準値緩和とかかわりなく、公害訴訟の判決後も、二酸化窒素の濃度は下がっていないにもかかわらず。

付帯決議の解除

前川辰男氏は、公害訴訟提起の最大の功労者である。前川氏は、四日市市職員労働組合の出身で、三期連続で市議をつとめていたが、公害訴訟提訴の年、一九六七年四月の選挙で落選した。九月の公害訴訟提起のあと、一一月の「四日市公害訴訟を支持する会」総会で、代表委員三人のうちの一人となり、運動を進めていたが、翌年の末ごろ、「公害と言うと、なんでもわしに回してよこす。わしは手を引くから君らでやれ」と、市職労事務所で古谷精三委員長に言い、その後、公害訴訟の法廷の場にも、運営委員会にも出てこなくなった。私もその場にいたが、あきっぽい性格が出たな、と思っていた。

そのころ、前川氏は第三コンビナートのミヤコ化学（第二・第三コンビナートの大協石油の系列会社）のエライさんに就職？したとのうわさ話も耳にした。落選中なのに、トヨタコロナの新車に乗っているのを見た訳知りの人が、「あの新車には『ミヤコ化学提供』と書かなくちゃいかんのやさ」と言っているのを私は聞いた。

一九七二年二月一日、第三コンビナートの営業運転日で、公害訴訟の結審の日に、前川氏は久々に現れ、「おれを（公害訴訟を支持する会の）事務局長にせい」と申し出てきた。すでに公害訴訟の終幕に差しかかり、事務局長を中心に準備が進んでいたので、前川氏にはもとの代表委員に収まってもらった。

判決を控え、公害訴訟を支持する会の運営委員会が、いつも通り労働会館で開かれることになり、私はいつも通り机といすを並べ、受付の席に腰かけていた。弁護士さんたちも出席した。開会は、事務局長ではなく、前川辰男代表委員が口火を切った。「澤井君はなんでここにいるんや」。思いもかけぬことで、私はとっさに「傍聴です」と答えた。「傍聴は邪魔だ。出ていけ」と前川氏は言う。私は腰を上げかけたが、「なんでやな、邪魔なことはない。出ていくことはないやろう」という発言と、出て行けと言うほうがおかしいといった雰囲気があり、それ以上、前川氏も何も言わなかったので、私も腰を下ろした。

これは、公害訴訟の判決後に明らかになるのだが、私と市民兵排除の意思表示だったのだ。なぜ、前川氏には、私と市民兵が邪魔だったのだろうか。

＊

一九七一年一二月の四日市市議会では、第三コンビナート増設のために、霞ヶ浦の第二次埋め立てを認めるかどうかが議題にあがっていた。しかし、本会議の日、前川辰男議員は、東京での公害問題についての重要な会議に出席するからと欠席した。地元四日市での重要な議会、しかも、市議として態度表明をしなくてはならない議会であるにもかかわらず。

前川氏は、大協石油グループの手前、霞ヶ浦の第二次埋め立てと第三コンビナート増設に反対するわけにはいかない、さりとて、賛成もできない。「逃げたな」と誰かが言った。

市議会当日、「なあ、澤井君、聞いてくれよ」と、革新クラブ（市職労二名、石原産業、昭和石油、東芝）から運営委員に出ている石原産業出身の議員が、困った顔で話しかけてきた。「前川は欠席、大協は議会に出てこない、なのに、議長に『早く採決してくれ』って電話で言ってくるし、議長からは、『おまえんとこの会派はどうなっとんのや、はっきりしてくれ』と言われるし……、橋詰に『いますぐ議会へ出てこい』って電話したところや」。こんなことで、本会議での採決は、誰が賛成か反対かはっきりせぬまま、第三コンビナート増設と霞ヶ浦の第二次埋め立ては可決、となった。

その際、四日市市議会は、公害拡大を恐れる市民に配慮し、霞ヶ浦の第三次埋立地には「石油関連企業は立地させない」との付帯決議を可決していた。

しかし、一九七九年一二月、四日市港管理組合は、第三次埋立地に、中部電力のＬＮＧ（液化天然ガス）と大協石油のＬＰＧ（液化石油ガス）のタンク基地誘致のため、付帯決議を解除してほしいと市議会に申し入れをした。

ひどい話である。付帯決議は、こうしたことを見越して付帯されていたのに。

しかし、いったん決めた決議を解除することには、さすがに保守・革新ともに動きはにぶかった。そんな中、前川辰男議員は、際立って積極的に、「ＬＮＧはクリーンエネルギーだからいい（亜硫酸ガスは出さない）」と主張した。

私と訓覇《くるべ》也男《またお》議員が、市の議員控室で話をしていたとき、委員会を終えて入ってきた保守の議員から、「このごろの革新ってどうなっとんのや。真っ先に反対するんかと思っとったのに、賛成でがんばっとる。変わったもんやなあ」と話しかけられ、返事に困った。

こういうとき、保守議員は、賛成して何がしかのものを得るが、それを革新政党の議員にされたら、保守議員の立つ瀬がないとでも言いたげであった。

市議会は、大協石油労組支部長（地区労議長でもある）率いる組合員が、傍聴席を埋め尽くし、患者会が傍聴に行っても空席がない。松葉弁護士が支部長を問い詰めると、「彼らは自主的に傍聴に来ている。組合の動員ではない」と言うが、誰も信用しない。松葉弁護士が強硬に交渉し、席の半分を患者会に譲ることを承知させた。支部長は「自主的」と言うが、動員費が入っていると思われる封筒を配ったり、お昼の弁当を用意したりで、化けの皮がはがれていた。

結局、一九八〇年三月の四日市市議会で、霞ヶ浦第三次埋立地に「石油関連企業は立地させない」としていた付帯決議の解除が決定された。

このときのことを、のちに前川辰男市議は、経団連の「経済広報センターだより」のなかで、「私は公害患者から突き上げられました。しかし、私は闘ったんだ」と誇らしげに語っている。

コンビナート工場への詫び状

一九八二年は、公害訴訟判決一〇周年に当たる。そこで、公害訴訟弁護団事務局長・野呂汎弁護士の呼びかけで、患者会、地区労、弁護団、民主団体などで「四日市公害判決一〇年を考える」実行委員会を結成した。

公害裁判の判決後は、弁護団が呼びかければ、社会党、共産党、地区労は、行動をともにしてきていた。実行委員会の最初の会議では、「屋外集会とデモ行進」「シンポジウム」それと「工場への立ち入り調査」を行なうことを決めた。このとき、地区労の片山一男事務局長、公害をなくす労組会議・河元治会長も出席していたが、とくに反対の意思表示はなかった。

ところが、第二回以降、実行委員会の会議に地区労、労組会議ともに出席しなくなった。片山地区労事務局長は、実行委員会の事務局になっている四日市法律事務所（代表・松葉謙三弁護士）の中西安治事務局長へ「立ち入り調査は、実行委員会が解散してからにしてほしい」と電話をかけてきた。そこで、実行委員会ではそのように変更した。

判決一〇年のシンポジウムでは、田尻宗昭東京都公害局次長、吉田克巳三重大学教授、谷山鉄郎三重大教授、北村利弥弁護団長などが発言してくれた。全国の公害患者会も参加。NHK津放送局アナウンサーとディレクターは、個人として参加。司会やスライドのナレーションをつとめてくれ、会は、一〇年前の判決時を思い起こすものとなった。

成功の総括をし、活動・会計報告も済ませ、実行委員会は解散。そのあと、地区労と労組会議を除く団体で、立ち入り調査を行なうことになり、松葉弁護士を中心に、日時と調査内容などの計画を立て、まず、三菱油化に立ち入り調査の通告をした。三菱油化からは、原告代表と磯津患者会が反対なのでと、「断わり状」を送ってきた。

これより前、原告患者の野田之一さんは私に、「おまんが言えばみんなが聞いてくれるで、立ち入り調査をやめるようにしてくれんやろうか」と言ってきていた。事情を聞いたら、コンビナートの工場へ日雇い労働者の人入れをしている組頭が、「会社が嫌がる立ち入り調査をするんだったら、磯津の人間は使わん」と言ってきている、そうなったとき、おまえは責任がとれるのか、と言われている、ということであった。

しかし、松葉弁護士は、立ち入り調査は「やる」と言う。あいだに入って私も困った。私は、野田さんに迷惑のかからない方法を考えた。宮子さんが亡くなった後、原告を継承した瀬尾清二さんの存在に私は気付いた。瀬尾清二さんは、判決後、賠償金で四日市はもとより名古屋まで出かけて豪遊、金を使い果たし、アルコール中毒となり、仕事もままならず、子どもたちにも見放されていた。ここで、裁判の頃を思い出し、以前の生活に戻るきっかけとなれば、それに、原告の遺族として表に出ることもなくなっている瀬尾さんならば、野田さんに迷惑をかけることにはならないだろうと考え、松葉弁護士と市民兵の伊藤三男さんを瀬尾さんの自宅へ案内した。

瀬尾さんは、立ち入り調査権を持つ原告として、松葉弁護士を代理人とする委任状に署名・捺印をした。

瀬尾さんの委任状と、立ち入り調査権が明記してある三菱油化の「誓約書」の原本をもって、裁判所に「仮処分」を申請。裁判所は、金五〇万円の保証金を立てさせ「立ち入り調査の妨害をしてばならない」との決定を出してくれた。公害訴訟を支持する会の継承団体がきちんと存続していればこんな苦労をする必要はないのにと悔やまれた。

そのあとに立ち入り調査を予定していた三菱化成は、「当方はお断りしませんので、日にちと時間の打ち合わせをしたい」と言ってきた。

その後、地区労の事務所のある労働会館の事務室や会議室で、地区労と労組会議の三役が、何やらしている。正式な会議であれば、事務局員の私が記録をとるはずなのに、私が行くと、別の会議室へ移動する。明らかに私を避けている。女子事務員に、「何してるんか」と尋ねても、知らないと言う。しばらくたってから彼女が、「あのとき、こんなものを作っていたんです」と、地区労の片山事務局長がワープロ打ちした「詫び状」を渡してくれた。捺印した地区労の印がはっきりしていなかったので、反故にした一枚だった。私は、「なんとまあ、恥知らずなことを……」とあきれてしまった。

「実行委員会で立ち入り調査はやめさせました、ついては、何がしかの……」ということであったのに、立ち入り調査が行なわれてしまい、コンビナート工場への「詫び状」ということになったのだろう。

ねじまげられた公健法改悪反対の請願

四日市公害訴訟判決から一〇年後、中曽根康弘内閣の「臨時行政調査会」（土光敏夫会長）は、

「第三部会素案」なるものを提示した。

「硫黄酸化物による大気汚染が改善されている状況にかんがみ、科学的見地から検討を進め、地域指定及び解除の要件を見直す」(一九八二年一二月六日)

経済界は、公害被害者への補償の負担から逃れようと、「公害は終わった」「ぜんそくは大気汚染とは無関係」として、公害健康被害補償制度と、公害地域指定の見直しを国に迫ったのだった。

そもそも、公害健康被害補償法(公健法)は、一九七二年七月の四日市公害訴訟判決が引き金になって、一九七四年九月に制定された。四日市公害訴訟判決では、ぜんそく被害の原因を、コンビナート工場からの排煙とし、被害の補償を原因者であるコンビナート企業にもとめた。公健法はこの判決に準じている。

大気汚染による公害患者の全国的組織である「全国公害患者の会連合会」は、臨調「行革」反対の運動を起こしたが、その際、四日市患者会の組織と運動が衰退していることに配慮し、四日市で反対の集会をもつなどして気勢を上げた。

四日市患者会も独自で、患者保養所の「みたき荘」で反対の集会をもった。各政党にも案内を出し、各党議員の何人かが出席した。狭い会場で、入りきれない患者の一人が、「前川さんが来とらん。こんな大事な時には一番に来てくれなきゃあかんのに。なんで来てくれんのやろう。電話したろう」と、公衆電話で、前川辰男市議に電話をかけはじめた。

「大事な患者の会の反対集会をやっているのに、なんで来てくれんのやな?……共産党の集会って？……社会党の山田県議さんも来とるし、そんなことはない。……悪いようにはせんって、どうにかしてくれるんやな？……」。この患者さんの話から、出席はしないが、悪いようにはしないと返事をしているようだった。前川市議に電話をかけた患者さんは、横にいた別の患者に、「これは共産党の集会とは違うよな」と尋ねていた。

臨調第三部会の「報告」から「答申草案」が作られ、一九八三年三月一四日に「最終答申」となった。四つの文章の中で一貫して述べられているのは、「科学的見地からの検討」である。あとで触れる四日市市議会の国への「意見書」にも、この「科学的見地」が書かれている。前川さんの「悪いようにはしない」ということの意味が、この「科学的見地からの検討」ということだとしたら、電話をかけた患者の思いとは、あまりにもかけ離れているのではないだろうか。

経団連（日本経済団体連合会）は、一九八三年八月、「公害健康被害補償制度をめぐって　大気汚染の改善にともなう制度の見直しを考える」という特集の「経済広報センターだより」臨時増刊号を発行し、そこに「ルポルタージュ・四日市はよみがえった——旧公害都市の現場報告」を掲載した。

この中で、吉田克巳三重大学医学部教授は、「四日市は大気汚染の原点でしたが、公害対策の原点にもなっているんですよ」と語り、前川辰男四日市市議会議員は、「完全とはいえないが、四日市は良くなった。空がきれいになった。我々の努力の甲斐が出てるじゃないか。このようにこれからも環境対策に万全を期してやるならいいじゃないか。それすら否定していては、社会の、四日市の発展に寄与しない。これも駄目、あれも駄目では、何も前に進まん。わらじ履きで、汽車にも乗らん、自動車にも乗らん、江戸時代の生活がいちばん、というように信条を通して反対するのなら、一貫性があって認める。しかし、自分は自動車に乗って、これもあれも駄目だというのは筋が通らない」と語った。これは、私のことを言っているんだなと思った。

つまりは、公害と言えば、四日市、その四日市が見事に公害を克服した、青空が戻ってきた、そのことを名高い学者も、革新の市議も認めている、四日市がこうなんだから、ほかの地域もよくなっている、としたいわけだ。四日市は、公健法廃止のターゲットにされていることを知った。四日市でこそ、公害健康被害補償制度改悪反対の運動をしなければ、と私は思った。しかし、なにせこのころには、四日市での反公害運動は潰えているのも同然だった。いい舞台を作ろうとしても、舞台に出て、〝われこそは反公害の千両役者だ〟と登場するエライさんもいなくなり、観客もまばら、芝居の幕が上がっても舞台に役者はいない。あわてて舞台のそでで黒衣として控えていた私が、黒い頭巾をとって役者に代わって舞台に出た。そんなことであるが、前もっての台詞があるわけでなし……。

そんなとき、一九八四年一二月一日、日本環境会議（代表：都留重人一橋大名誉教授）は、川崎の第五回会議で、「公害健康補償制度の改革に関する提言」を発表した。「提言」では、「原状回復の原則に立って……公害健康福祉事業計画の制度をもうける」こと、「公害医療手帳にもとづく医療救済制度の創設、認定審査会の改善、補償費充実など制度の改善をはかる」こと、「新規健康被害物質による将来の健康被害の発生にそなえて、継続的健康調査、補償基金設置を行う」こと、「一部の社会保障分野を除く費用については発生原因者負担原則をつらぬく」こと、などが訴えられていた。

日本環境会議がこの「提言」を発表すると、大阪、名古屋、東京でシンポジウムや集会が開催され、一〇〇五人の学者・研究者がこれに賛同、署名して、石本環境庁長官に「提言」実現を要請した（八五年四月一五日）。

私は、日本環境会議のこの「提言」を持って、前川氏とは相いれない、四日市市職労の芳野孝副委員長を訪ねた。「公健法を制定させたのは、四日市のぜんそく裁判で勝ったからだ。その原動力は、四日市市職労だった。いま、この公健法が改悪され、公害患者たちが命綱としている認定制度も廃止されようとしている。この事態に、市職労が全国の認定地区の自治体労組に呼びかけ、運動を始めてほしい」と、私は要請した。四日市に、「公害指定地域の解除反対」「公害病認定制度の廃止反対」の請願を集中してもらおうと考えたのだ。

芳野さんは「やるけれども、訴えの文章とかは作ってほしい」というので、澤井の名前は出さない、芳野さんが考えたということにして執行委員会で提案する、という条件で合意した。

私は、地域の各労組委員長に四日市市議会への請願署名を依頼することも考えた。そこで、地区労の片山事務局長に、「公害認定制度廃止は大きな問題だから、これから動いてくれる可能性のある組合の委員長に、自分個人で署名を頼んで集めるようにするでな（妨害するなよ）」と伝えた。すると、片山事務局長は、「そんなんではなくて、地区労として大々的にやらなきゃならん問題やで、議長に話をして幹事会で決めように」と、いやに張り切りだした。「それは無理。議長は石原産業労組で、副議長にも石油労組が入っている。会社は、廃止で猛運動をしているんで、とてもじゃないけどできない相談だ」と、私がそこまで言っても、片山事務局長は「やらないかん」と言っている。

このとき、私は、彼が〝マッチポンプ〟であることをすっかり忘れていた。「澤井が地区労で認定制度廃止運動をやらなきゃいかんとわめいている、なんとか押さえるから、その代わり、それに見合うものを……」という胸算用だったのだろう。でも、私はその時にはそこまで考えつかないでいた。

市職労執行委員会で「芳野提案」は通った。芳野さんは「決定するにはしたんやけど、国はどうなっとる、各地の動きはなんのって聞かれても、返事のしようがないので、実は澤井さんに文書なんかも作ってもらったんで、そういうことは澤井さんに聞かないとわからんのや、って言っちゃった」。それでも、市職労の書記局は、全国と地域の労組委員長に、市議会への請願署名用紙を発送してくれた。

全国から地域から、予想以上に早くたくさんの署名が市職労へ集まってきた。やはり訴えれば、みんなやってくれるんやな、と私はうれしくなった。

一九八五年一二月の市議会への請願提出が迫ってきた。どうなっているか確かめるために、私は市職労事務所へ行った。委員長の中西宏さんがいて、集まってきた署名用紙を小脇に抱えている。「いまから出しに行くのかな」と声をかけると、「前川辰ちゃんがな、そんなもの出してみよ、おれが議会で潰してやるって言うんで、潰されるくらいなら、議会請願ではなくて、市長に陳情書として出そうと思うんや」と言う。そうきたか。

「そんなことをしたら、全国の、地域の労組委員長に顔向けができなくなる。それはいかん」

「じゃあ、どうしたらいい？」

「それじゃあ、あんたが抱えているその署名を机の上に置きなさいよ。委員長の目の前で、私がそれを持っていくから、前川さんがどうしたって聞いたら、澤井君が勝手に持って行ってしまったって、言ったらいいよ」

当てがあってのことではなかったが、とっさに思いついて、私は署名用紙を持ってきてしまった。なんとかして請願代表を決め、紹介議員の署名をもらい、請願書として議会に提出しなくてはならない。紹介議員なしでは、「陳情書」となり、議会の審議にのらず、聞き置くのみの扱いになってしまう。

市職労委員長に請願人代表になってもらうのはダメになってしまったので、地域の労組委員長で、県単位の労組幹部でもある全国金属労組の落合俊介委員長に電話をかけ、請願人代表になってくれるよう頼んだら、承諾してくれた。私が電話を終えた途端、横にいた地区労事務局長の片山さんが、落合さんに電話をかけて「その署名は、共産党がやっとるんやで、請願人代表にはなったらいかん」と言う。私は腹が立って、「何を言う。俺が言いだしてやってるのを、共産党がやってるって、どういうことや」。聞く耳を持たんとばかりに、片山さんは地区労の事務所を出て行った。

落合さんは社会党。迷惑をかけてはならない。ほかを当たることにした。魚あら処理工場反対のときに、松葉弁護士とともに代理人をしてくれた弁護士さんに署名と代表を頼むと、「いいですよ」と気軽に引き受けてくれた。しかし、あくる日、その弁護士さんは、自治労三重の顧問弁護士をしていることに気がついた。「昨日、お願いした市議会請願の代表のことですが、自治労三重からクレームがつくかもしれません。その時には、こちらに気兼ねなく降りてもらっていいですから……」と電話をかけた。

やはり、自治労三重副委員長の小平さんから、私に電話がかかってきた。彼は四日市市職労から三重県本部へ出ている専従役員で、ぜんそく裁判の頃、市民兵が『公害トマレ』を出すとき、表紙の題字を書いてもらったことがある。彼も前川市議の影響下にある一人である。

「あれは、共産党がやっとるんやで、まずいぞな」と小平さんは言う。「何言うとるんやな、あれは、俺が市職労へ持ち込んでやってもらったんで、共産党とかではない。認定制度廃止反対には異存がないやろうで。それなら、自治労三重は何もしてこなかったけど、請願代表に自治労三重委員長がなれば、いい格好ができるで、そうしましょうに」。私は皮肉をこめて提案した。案の定、小平さんは、「それは……、それはなー……」と詰まってしまった。「ま、とにかく小平さんからの伝言は聞いたから」と私は電話を切った。

市職労副委員長の芳野さんは、「共産党」と言われている人である。彼は、その後、定年まで課長の話があっても受けないで、委員長として組合員のために役員のつとめを果たした。これは当たり前のことなのだが、こういう役員は珍しく、多くの会社、工場、役所、学校などで、とかく出世のために役員になる人がいる。だから、上の人が嫌う「共産党」とは一線を画し、「上」にとって都合の悪いようなことは、自らあれは「共産党」がやっているから、「やってはいかん」「やらなくていい」としてしまう。

では、やらなくてはいけないことを「反共産党」でやるかと言えば、やらない、何もしない。一九六〇年代半ばの原水協分裂や母親大会分裂のころからそうした動きが出始め、四日市でも、個人で母親大会実行委員長を長くつとめた吉田うたさんから、「教組へ参加を呼びかけに行くと、あれは共産党がやっているので協力できない、って言うのよ。私は共産党員でもないし、政党の指示も受けていないし、なんでそんなことを言うのかねえ」と尋ねられて、私は困ったことがあった。

小平さんからの電話のあと、顧問弁護士さんから案の定、自治労から話があったとのことで「申し訳ない」と言ってこられた。「どうか気にしないでください。かえってご迷惑をおかけしすみませんでした」と私は返事をした。だが、さあ困った。

実はこのころ、私自身にとって、大変な心配ごとを抱えていた。妻が、健康診断で胃がんが見つかり、レントゲン写真を専門医に診てもらったところ、「末期の状態で、あと半年」と告げられた。

もちろん、妻には内緒にして、ともかく市立病院で診てもらおうと一緒に行った。「入院をして精密検査や胃潰瘍の薬を飲むなどして、しばらく休んでもらいます」と医者に言われて、妻は入院した。そのあと、私だけが病院へ呼び出されて、医者に、手術するまでもない、どうするか、と問われた。目の前が真っ暗になった。「ほんの少しでも希望があるのなら、手術をしてください」と、やっとの思いで言った。妻にも、二人の娘にもそんなことは言えない。胃潰瘍の手術をすることになった、とだけ私は話した。

こうしたことを抱えての〝反公害〟は、いつにも増してしんどいことであった。こっちもやらなきゃならんわけで、いつものように、「外面だけが良くて、うちのことはほったらかし」と妻も怒っているんだろうな、だけど、それもしょうがないことだから、やんなさいよと、許してくれるだろうと考えて、私は請願代表探しを続けた。

公害裁判の頃、いつも私は、帰りはすでに子どもが寝ている時刻で、朝は子どもが寝ているうちに出かけていたので、たまに普通の時間に帰ると、就学前だった二人の子どもが遊んでもらえると喜んで、「お父さんが帰って来たよ」と母親に注進に行く。母親は子どもに、「誰々ちゃんのお父さんも誰々君のお父さんも、いつも明るいうちに帰ってくるでしょう、うちのお父さんも早く帰るのが当たり前なのに、いつも遅く帰ってくるのよ」と子どもに話すが、子どものほうは、うちのお父さんは遅く帰るのが当たり前と思っているようだった。妻は、「外面だけが良くて、うちのことは何もしない困ったお父さんだ」とよく子どもに愚痴をこぼしていた。

しかし、第三コンビナートの埋め立てと誘致に反対するビラまきで、「地区労をクビになるかもしれない」と私が妻に言うと、「いいよ、私が働いて食べさせてやるよ」と、本気とも冗談ともとれる言いようで、妻は、隣の家の奥さんに誘われて保険のセールスに出るようになった。

公害裁判の判決後、磯津に通っていたとき、前川辰男氏に、「地区労の車に乗ってくるな」と私が言われたときも、妻は、数日後に中古のバイクを買ってきた。

亀山市の住民運動の助っ人を頼まれたときは、バイクというわけにはいかず、そのときには妻は中古の軽自動車を買ってきた。地区労の仕事が終わって、亀山に行くときは、国道一号線で行き、帰りは夜一一時とか一二時になるので、高速の東名阪で帰るのだが、途中でオーバーヒートする。四日市インターへは下り坂なので、エンジンを冷やしながら帰りきることができた……。

魚あら処理工場建設反対の住民運動への助っ人の際には、当時、地区労議長をしていた大協石油労組委員長の藤田利男さんから呼び出しがあり、「地元の反対運動に加担しているようだが、これは市が進めていることで、加藤寛嗣市長は地区労が推薦した人であり、地区労としては反対に加担するわけにはいかない。これからもあんたが反対運動に加担するのであれば、定年（五六歳）後の嘱託採用はできないかもしれない」と通告された。推薦したからには、市長のやることには反対しない……、そんな理屈ってあるのかと私は驚いた。

「私としては、個人で住民運動に助っ人しています。時間中に地元の人たちが、地区労事務所の自分のところへ相談に来るのは、個人ということにならないというのであれば、地元の人たちには時間中には来ないように話します。それでもいけないというのであれば、嘱託採用はしないことになってもやむを得ません」と私は答えた。

そうは言うものの、五六歳で仕事を失うのは、その後の生活設計にひびくなと思ったが、言ってしまった以上、あとには引き下がれない。それには、澤井夫人が控えてくれているという甘えもあってのことだった。妻には、「外面だけは良くて……」と非難されてきたが、「やりたいことはやりなさい」と言ってくれているんだと、いつも私は自分の都合のいいように解釈してやってきた。


高校教師の中村さんと一緒に、三重大学医学部助手で市民兵の坂下晴彦夫人の坂下栄さんを訪ね、大学での署名と、請願代表になってくれる先生を探してほしいと頼んだ。坂下さんは、妻の病気についても、「私にできることはやるから」と言ってくれた。

一二月市議会の請願受付まではもう一週間ほどしかない。坂下さんは精力的に動いてくれた。各学部の一七人の先生たちの署名を集め、請願代表に、前の学長である三上美樹先生の了解もとってくれた。三重大学で四日市公害についての署名を集めることができたのは、このときだけだと思う。

これで難関は突破できた。あとひとつ、それ以上に大きな難関がある。紹介議員になってもらう議員である。これは前川辰男議員が所属する社会クラブの議員にしなくてはならない。そうすることで、前川議員による潰しを防がなければならない。

紹介議員の勝算がないままに、市職労事務所へ私は出かけた。専従役員のもう一人の副委員長である中村さんがヒマそうにしていた。「市職労が実施した公害認定制度廃止反対の請願署名がそろったので、これから社会クラブの控室へ行って、紹介議員を決めてもらうようにしたいんです。一緒に行ってくれませんか」と頼んだ。「僕は何も知らないので、こうしろと言ってくれれば、やります」。中村さんは、役員のなりたてである。内心、そのほうがよかったと思った。

社会クラブは、社会党員二人と労組の推薦議員の数人の会派で、私と中村さんが控室に着いた時には、全員はそろっておらず、待つことにした。前川議員は、中村副委員長に、「君のように事務職が組合役員をやるのが本当だ。大いに期待するからしっかりやってくれ」と激励している（中西委員長は、清掃現場職員）。前川議員は、私がここへ何しに来たのかは知らないまま。中村さんと連れ立ってきたとは思っていないらしい。

そうこうするうち、全員がそろったので、中村さんに道中お願いしてきた「市職労が全国や地域の労組にお願いした、公健法改正反対の請願署名を出すにあたって、どなたかに紹介議員になってほしい」と、なんとか口上を述べてもらった。前川議員以外の議員たちは、市職労と地区労の人間が頼みにきたというので、「これは総務委員会にかかるで、総務委員でない議員でないといかんな。建設委員会の森君ならいいやろう」と間髪いれずに相松議員、訓覇議員などが言い、森議員はすぐさま署名した。さすがに、こうした表立ったところでは、前川議員も動きようもない。「じゃあ、今からわしが事務局へ出してくるわな」と森議員は席を立って行った。これで、まずは思いが達成したと、私もほっとした。

一九八五年一二月一六日の総務委員会で審議、採決。「請願を採択する」とするもの五名、「継続（不採択）」とするもの五名。委員長判断により、「公害患者救済制度の存続は必要であることから、採択とする」となる。

しかし、相手もさるもの。一二月二〇日の総務委員会は、請願にもとづき、国へ提出する「意見書」の審議があった。委員会では、請願の趣旨に沿わない文書になっているとして、佐野議員（共産党）と水野議員（合成ゴム）のあいだでやりとりがあり、まとめは、自他ともに「公害議員」で通っている前川辰男議員の「健康被害と言っても、工場の公害が原因であるものか、あるいは、体質的なものによるものか、明確に区別されずに処理されてきた。これらを学問的に整理する必要があると思う」といった発言で、請願の趣旨にもとる、真逆の「意見書」になってしまった。

当時は、情報公開制度はなく、こうしたやりとりがあったことは、ずいぶんあとになってから会議録を請求して私は知った。

市議会本会議は、渡辺総務委員長の請願採択の報告で、請願を可決した。

本会議の日、私は病院にいた。妻が手術後は個室に入りたいと言うので、病院の事務長に便宜をはかってくれるように頼みに行ったら、「議会へ行っています」とのことであった。そこへ、訓覇議員から、「おまんが出した請願の意見書がおかしいものになっとるから、すぐ議会へ来い」と電話があり、議会へ向かった。事務長には議会で会ったので、個室の確保をお願いした。議員控室へ行き、訓覇議員はどこかと、空いていた席に腰かけ室内を見渡していたところへ、合成ゴムの水野議員がやってきて、新聞を広げていた別の議員に、「いろいろありがとうございました」とあいさつしていた。新聞を畳むと、それは前川議員であった。この二人でやりおったな、と私は直感した。国への「意見書」は、こんなことなら請願をしなければよかったと思ってしまうような、臨時行政調査会や経団連の思惑に沿った内容にすり替えられてしまった。

後日、坂下栄さんと中村さんとの三人で、市議会議長室へ行き、小林博次議長に、「あれは何ですか。請願の趣旨とまるで違うものに意見書がなっている。けしからんじゃないですか」と抗議した。小林議長は、社青同から議員になり、地区労事務局長もつとめたことのある人で、私とはよく知った間柄。議会では、指導というよりいじめにあい、社会党を脱退。前川議員とは犬猿の仲。

「澤井さんなあ、議長のわしのところへ抗議にきたんやろう。議会人としては、誰だれがあんなものにしたって、言うわけにはいかんのさ。澤井さんのほうが、誰やって、ようわかっているやろう」。それ以上はどうしようもない。「わしはな、佐野議員に、今度のいきさつを総務委員会委員なら、ようわかっとるんやで、一部始終を書いてビラにして配ったらどうやって言ったけど、ようせんかったな」

残念至極の結末となった。

妻の手術は、「開けてみてどうにもならん状態だったら、胃を切るより、そのまま閉じたほうが本人にとってはいいので、それでよろしいか」と医師から言われ、了承。手術は一日がかりとなったが、それはそれなりの希望の持てる手術になっているのだろう、と想像しながら待った。

「胃を全摘しました。そのほかの癌もわかるかぎりとりました。あと五年はもつと思いますが、それ以上は保証できません」と医師から告げられた。これも、本人にも娘たちにも言えず、五年経って、いよいよ駄目だとなったときに娘たちに打ち明けた。

助かったのは、市民兵の佐々木学君が、名古屋大学医学部を卒業後、四日市市立の病院勤務となり、三年ほどして長野の無医村の医師となったが、このころ、土日には半日かけて四日市へ来て、まず市立病院へ寄り、看護部長に妻の容体を聞いてから、元気になる注射だと、ブドウ糖の注射器を持って、わが家を訪ねてくれ、診察と注射をしてくれたことだ。おかげで、妻も安心して旅立つことができた。

もう、わしらは利用価値がないのか?

公害訴訟判決一五周年の一九八七年七月二四日、日弁連の公害・人権委員会は、判決後の四日市における公害患者の健康状態や、行政などの対応についての調査研究の会を磯津公会所でもった。私は、垣根の枝で瞼をけがし、眼帯をしていたので、娘の運転する車で会場へ向かった。

会の途中、原告の野田之一さんに、私は廊下の隅へ呼ばれた。

「公害で名を上げたエライさんで、今もわしらの味方になっている人っているか? わしらはエライさんに利用されたけど、おかげでようなった。でも、今じゃあ、エライさん方も企業や行政に利用され、わしらをいじめるようになった。いったいどうなっとるんや、もう、わしらは利用価値がないっていうことか？」

「わしもその一人で」と私は言った。

「あんたは違う」。そして、娘のほうを向いて、「お譲ちゃんとこのお父さんにいつも世話をかけるんで、頭の毛が白くなっちゃってな。ごめんしてな」と野田さんは言ってくれた。

しかし、野田さんの思いがわかるだけに、私はやるせなかった。公害裁判を仕掛けた運動の指導者や、コンビナートの排ガスとぜんそくとの因果関係を追究し、裁判で証人として原告患者のために証言してくれた学者が、判決後は、企業や行政のために動き、患者の思いとは逆の方向を向いていることに、野田さんは我慢がならなかったのだと思う。

会の帰り道、娘には、「野田さんにああ言ってもらうと、うれしいやろう」と冷やかされた。

その頃、中日新聞の記者から、戦後四二年の夏に思うことを書いてくれ、という話があり、「四日市の戦後は、一九七二年七月二四日の勝訴判決から始まった」との書き出しで、公健法改正の動きについて書き、新聞社に送った。

私の原稿は、八月一一日、「'87夏ニッポン　現場からの報告」という特集枠の中で、「公害の街・四日市」という見出しで掲載された。「補償法廃止の恐れ　かつての指導者も変身？　支援指導者が行政側の発言」と中見出しがつけられている。私の文章を読んで、新聞社がそうした見出しをつけたのだ。

名前は出ていないが、前川さんは気に入らないだろうな、と私は思った。数日して、前川さんから、「誤解があるようなので話し合いたい」と手紙が届いた。いい機会だとは思ったが、二人だけの問題ではないので、「何かの集まりか、会合のあったときに、みんなの前で話し合ったほうが有意義だと思うので、そうしたいと思います」と私は返事をした。その後、何の話もない。

一九八六年、三重大学医学部の吉田克巳教授と、社会党四日市市議の前川辰男氏は、そろって環境庁長官表彰の栄誉に輝いた。二人は、公害訴訟を牽引した人物であり、また、判決後は行政の公害対策（審議会会長と副会長）を担った中心人物である。

「反政府、反公害の活動をしてきた者が政府から表彰を受けるのは、何か変だが、政府がその辺のことを認識してのこと、と言うので受けることにした」「裁判は公害発生源を責めるのではなく、人権問題、憲法問題としてとらえた」「四日市は、公害都市ではなく、公害を克服した都市なんです」と前川氏は新聞記者に語った。

また、一九九二年六月、公害訴訟判決二〇年の年には、前川辰男氏、吉田克巳氏の二人は、地域の環境保全に貢献したとして、「県環境保全功労者」として知事表彰された。

東芝ハイテク四日市工場の誘致

一九八九年六月二日の中日新聞に、県庁記者クラブでの、田川亮三知事、片岡一三四日市市助役と東芝副社長が並んで写っている写真が掲載された。三者がそろって、四日市市の農村地区である山之一色町に、東芝ハイテク工場を建設すると発表したのだ。

〝コンビナート〟は、四日市市民の日常語になっているが、〝ハイテク〟には馴染みがない。そんなことで、私は、地区労で「ハイテク学習会をやろう」と提案したら、三役会議で「やろう」となった。講師は、吉村功さん（名古屋大学工学部助教授）に頼んだところ、名古屋大学災害研究会のメンバーから講師を派遣してくれることになり、最終的に、名古屋市公害対策課の職員の人が来てくれることになった。本名ではまずいので、「糸土広」と名乗ることにした。

ハイテク工場誘致の新聞記事を読んだ小学校教師から、「わが家の農地に工場が建設されることになっている。ハイテクって、いったいどういう工場かな」と質問されたりもしていたので、学習会は、市の文化会館の会議室でやることにして、市民の参加も歓迎した。

〝トリクロロエチレン〟とか、〝テトラクロロエチレン〟とか、四日市公害の汚染物質では聞かれなかった物質が、次々と話題に上った。公害発生のほうはどうなるのやろうか、と不安になった。雑誌『世界』には、「日本型『ハイテク汚染』の構図――東芝コンポーネンツにみる」（吉田文和、一九八八年一一月、岩波書店）というルポが載っていた。東芝の太子町の工場では、土壌汚染があり、地下水をくみ上げて曝気《ばっき》し、汚染物質を飛ばしているとか、『公害研究』では、同じ東芝の千葉の工場で汚染物質が検出されたのに市が隠していた、といったことも読んだ。四日市ぜんそくの原因となった亜硫酸ガスのような単純な公害ではないらしいことも知った。

何より、こんな危険な工場のことを、住民に説明もせず、了解もとらないで誘致するとは何事か、けしからんではないかと思った。四日市公害訴訟勝利判決から一七年も経っているのに、依然として、まず誘致ありきの行政がまかり通っていることにも腹が立った。行政は、自治会長だけに話をして、ほかの住民には事前に話をしない、こういうやり方もまったく改まっていない。

　東芝のハイテク工場予定地は、合併前の三重村の山之一色町。私の住んでいる三重団地も三重村である。

　学習会に参加した小学校教師と、化学工場労働者の二人が、「地元でも学習会をやりたいので、先日講師をつとめた糸土さんに頼んでもらえないか」と言ってきた。再度、糸土さんに講師を依頼。今度は、山一自治会の主催で行なうことになった。ところが、自治会のお知らせがまわったとたん、市役所の環境保全課を中心に騒ぎが起こった。「名古屋大学災害研究会とはどんな組織か」、「糸土広とは何者か」。名大出身者職員を動員しての内偵が進められたが、とんとわからずじまいとなった。それもそのはず、ペンネームと、名大災害研究会は、大学に所属する組織ではなく、吉村研究室を根城に、助手やゼミ卒業生などが集まって研究や住民運動を助っ人する人たちのサークルで、メンバーと周辺の者にしか知られていないからだ。東芝朝日工場労組出身の市議が働きかけての騒動であった。

　わかるわけないな、と私は冷ややかに見ていた。しかし、地区労加盟の富士電機労組の委員長が、「東芝労組の役員から、どういう人かって聞かれたんですが、どういう人ですか」と、未加盟（桑名地区労加盟）労組に代わって聞きに来たりした。学習会の会場で「講師はいったい何者か」なども誘致賛成派が騒ぐと、肝心の学習会が妨げられてしまうかもしれない。糸土さんに事情を話し、地元での学習会は、急に講師の都合が悪くなったということにして、東京に出ていた吉村さんに電話をかけ、無理を承知で講師代理を頼んだ。

学習会には、在所の人たちがけっこう参加した。吉村さんは、講師をお願いしてからの準備期間は短かったのに、ハイテク関係の新聞記事やアメリカでの大規模なハイテク地下水・土壌汚染なども調べて、ＯＨＰを使ってわかりやすく説明してくれた。

「土地を売る、売らないは、地元のみなさんが決めること。今は、地元のみなさんの力関係は、会社や行政に対して絶対的に強いが、土地を売ってしまえば、みなさんの力は弱くなる。売るのであれば、売る前に公害の心配事項などについて十分な解明をしたほうがいい」と、吉村さんは、ハイテク公害の実態と、態度決定にあたっての意見を参考までに話してくれた。在所の中で、〝ハイテク〟の言葉が行き交うようになった。

市は黙って見過ごすわけにいかず、片岡助役が、地元に対して「このあいだは、住民側が吉村先生を呼んでの学習会だったので、今度は市が講師を選びますから学習会をやってください」と申し入れてきた。地元はこれを受けることにした。その際、助役は「吉村先生とはやりあったことがありまして」と、いかにも吉村さんをやりこめたことがあるかのような言い方をしていたそうだ。

住民側学習会講師の吉村功さんに対して、行政側が用意した講師は、やはり吉田克巳教授だった。司会をつとめた市環境部長は、「吉田先生は、公害ぜんそく裁判で、患者側の証人として法廷で証言、患者側勝訴に大変貢献された先生です。これからその吉田先生に、東芝ハイテク工場の安全性には心配のないことをお話しいただきますのでご静聴を……」と開会のあいさつをした。

ぜんそく裁判では、行政も加害者側で裁かれた。その行政に、今はこうしてもてはやされていることを、吉田教授はどんな思いで聞いているのだろうか。魚あら処分場建設差し止め裁判のときに証人として出廷したときも、吉田教授は、行政側弁護士に今と同じように紹介されて、魚あら処分場の安全性を証言した。しかし、住民側弁護士による反対尋問で、吉田教授は、魚あら処分場の悪臭排出を認めざるを得なくなる醜態を演じた。それだけに、いまだ行政に利用されることについて、どう考えているのか、私は、吉田教授の、その胸の内を知りたいと思った。

行政側の講師が吉田克巳教授だと判明し、これにどう対処したらよいかと地元の二人と事前に相談した。「前回の吉村功さんの話では、いろいろと危険もあることを教えてもらい心配になりました。今日の吉田さんは、安全で心配ないとのお話でしたが、我々はどう考えればいいのか、わからなくなりました。なので、次は、お二人の講師においでいただいての学習会をやってください」と提案しようと打ち合わせ、吉田克巳講師の話が終ったところで、打ち合わせ通りに提案した。市環境部長は、「それは良いことですので、そうしましょう」と約束した。

しかし、地元から市へ催促すると、「吉田先生から、行政の審議委員というのは、公平・中立の立場に立たなくてはならないので、そうした討論会になるようなところには出るべきではない、と返事がありましたので、お二人同時の学習会はできなくなりました」と、実現しなかった。

それなのに、吉田氏は、「答申ができたわけではないが、ほぼまとまったので、地元のみなさんにまずお伝えしたほうがいいと思うので……」と二回目の講師を自ら買って出てきた。トリクロは使わない、その代わりに何を使うだとか、どんな工程だとかなどを話し、「排水は全く安全です。その排水を飲んでもいい」とまで言った。「カドミを飲んでも発病しない。飲んで見せてもいい」と言った学者がいたことを聞いたことがあったが、こうした手品もどきの話はいただけない。それにしても、委嘱した行政に提出する前に、依頼者ではない住民に、答申の内容を、〝公平・中立〟がモットーの行政審議委員がばらしてもいいものなのかなと私は思った。

地元の山之一色町では、地権者たちが委員会を作り、東芝に土地を売るかどうかの調査をした。地権者の数では、売るほうが多かったが、土地面積では、圧倒的に売らない面積のほうが多かった。委員会は、売却しないとの結論を出して解散した。

ところが、自治会長と開発公社が組み、「みなが売ることにしたなら、自分も売る」といった内容の文書に署名・捺印してもらうべく、地権者宅を一軒一軒まわった。「署名・捺印をもらわないことには公社へは帰れません」と何時間も玄関口に立たれるので、地権者たちは根負けして、仮の承諾書に署名・捺印をしてしまった。結果、行政は、東芝ハイテク工場誘致に賛成成立したとして、土地買収にかかった。一日ごとに買収費の値段が上がっていき、在所は湧きかえった。

「わしは絶対に売らん」と言っていた樋口さんの土地は、用地の隅っこで、東芝にとっては問題にならない土地になるところ。「こんな高い値段で売れるのは今だけだ、大勢に関係ない場所なんだから、この際、売って別のことを考えたほうがいい」と、反対派の私も思うほどの好条件だったので、彼も売却した。樋口さんは脱サラをして、こものたけというまつたけに似たきのこの栽培を始めた。

その一方で、樋口さんは公害対策委員になり、最後の詰めの段階で、「工場排水は地元の同意がなければ排水できない」との一文を入れ、山之一色町は、東芝の泣き所を押さえた住民協定を東芝とのあいだで結んだ。この住民協定には、科学者同行の立ち入り調査も可能とする一項目も含まれている。

霞四号幹線道路建設

例によって、四日市港管理組合は、一般からの公募委員を入れることもなく、公平慎重審議の見せかけ検討委員会の「霞四号幹線調査検討委員会」を設けた。定番の吉田克巳教授を副委員長に据え、原則公開・傍聴可能とした。

私は、原則公開の委員会を何回か傍聴したが、山場は、二〇〇二年一〇月二八日の検討委員会だった。この日、地元の「高松干潟を守ろう会」と「藤前干潟を守る会」（辻淳夫代表）が出した「要望書」に対し、各委員から五本のルートの良し悪しのほかに、要望書にあるように、「造らない選択も検討課題にすべきだ」との意見があいついだ。これが本当の検討委員会だと私はわくわくした。造る必要はない、との結論がでるかもしれない、おもしろいことになったと思った。

ところが、ここで、行政が頼りにする吉田克巳氏が口を開いた。ただ、この口の開きかたは普段とは違い、もうひとつ何を言っているのかわからないところもあったが、「この委員会は、五本のルートの候補のうち、どのルートが最良なのかを検討するものだ。私は、中央環境保全審議会での窒素化合物審議会のとき、副委員長で審議をした（こことは関係なさそうなことだが、どうも、それくらい私は権威者であると言いたかったのだろう）。四日市の納屋地区の国道二三号線沿いは、名古屋南部よりもNO_2（二酸化窒素）濃度は高い。霞四号線を造ることによって、その被害も防ぐことができる。だから、この道路は造らなければならない」

いつもの吉田氏であれば、得意の数字を並べて述べるのに、このときは、霞四号線を造ることによって、現在と将来、通行しているトラックのうち何台が第二名神有料道路へまわり、納屋地区には何台の通行になる、とかいった得意の発言はいっさいなかった。わざわざ料金を払ってまでして、大部分の車が霞四号線道路から第二名神有料道路へ廻るとは思えない。吉田発言を聞きながら、「台数を言ってください」と発言したくなった。ほかの委員からそういった質問もなく、林委員長は、「ゼロ案も検討しましょう」と言っていたのに、「吉田先生から健康被害を心配される発言もありましたので、ゼロ案検討ははずします」となった。

いずれにしても、生活道路にはならない、トラックのため、倉庫・運輸会社のための道路を税金で（四〇〇億円）造るルートを決めてお開きとなった。委員会で最良のルートを答申したのに、港管理組合は、答申結果とは異なる、高松干潟の波打ち際を通るルートに変更したようで、ポートビルの展望室にある四日市港の模型には、最近になってその道路がパイプで示されている。
検討委員会は、見せかけのものだったということだ。

「公害の歴史――公害の街から環境の街へ」

一九九五年六月、四日市市と加藤寛嗣市長は、国連環境計画から「グローバル五〇〇賞」を授与された。前年の受賞者は、一貫して患者の側に立って水俣病にかかわってきた、熊本大学の原田正純先生であり、なんと落差の大きいことか。

世界が四日市は公害を克服したと認めた、というので、この年の九月の市議会では、「快適環境都市宣言」を議決した。〃無公害宣言〃である。

「さわやかな大気、清らかな水、緑豊かな自然の中で、安らぎと潤いに満ちた暮らしを営むことは、すべての人々の基本的な願いであります。しかし、今日、私たちの活動は、私たちの身の回りの環境のみならず、人類の生存基盤である地球環境に深刻な影響を与えつつあります。私たちは、人も自然の一員であることを深く認識し、自然と調和した街づくりを進め、良好な環境を将来の市民で引き継いでいかなければなりません。市民・事業者・行政が一体となって、二度と公害を起こさないとの決意のもと、地球的な視野に立ち、良好な環境の保全と創造をはかるため、私たちは、ここに四日市市を『快適環境都市』とすることを宣言します」

翌年六月二一日から一カ月間、四日市市博物館では、企画展「公害の歴史――公害の街から環境の街へ」展が開催された。「グローバル五〇〇賞」受賞に引き続いてのイベントで、翌年八月の「四日市市制一〇〇周年」につなげる〝公害克服キャンペーン〟の大イベントだった。

記念講演では、行政の強い味方・吉田克巳教授による「公害病は終結」した旨のお話があった。そして、もう一人、ぜんそく裁判原告患者の野田之一さんは、「公害は終わってない」とする当然の話をした。

「海水の表面は美しいよ。きれいやけどね。いつもやったら今時分、何の魚でも最盛期や。今一番魚の多い時や。ところがこれ、わしら漁にいかんとおるが。ということは、伊勢湾は結局、浄化されたドブや。まずね、一回壊された自然は絶対に直らん。「グローバル五〇〇」、これ表彰されたっていうことによってもね。私の考えでは、世界で表彰された四日市やで、メンツにかけても、もう悪くできやんが……」。野田さんは、その頃、テレビのインタビューでこのように語っていた。

私は、この期間中に四日市で行なわれた「第五回田尻宗昭賞」受賞者として、なんとも面映ゆいことになっていた。この集まりには、宮本憲一先生が来てくださり、田尻さんのスタイリストぶりなどについて話をしてくださった。

九月三〇日には、塩浜急患診療所が閉鎖された。この時点で、四日市市の公害認定患者は、まだ七〇〇人ほどもいた。「公害克服」が盛んと言われていた一方で、公害患者たちは、肩身の狭い思いをさせられ、隅に追いやられていた。

塩浜急患診療所は、公害患者たちの駆け込み寺となっていた三重県立塩浜病院が、老朽化と対象人口の減少などを理由に一九九四年九月三〇日に閉鎖となった際、公害患者たちの、診療所を残してほしいとの声によって病院跡地の近くに建てられたものだった。

塩浜病院が閉鎖となった翌日の一〇月一日、三菱化成、三菱油化、三菱モンサントは合併し、東洋一の大石油化学会社「三菱化学」となった。

公害の歴史を繰り返さないために

四日市公害は、市民運動でというより、公害裁判の勝利判決で「改善」を見た。

判決の日、新聞社は号外を配り、夕刊は一斉に被告企業の敗訴を大きく報じ、判決日以降は、コンビナート悪者論の記事が続き、資本主義が倒れるのではないかと思うほどであった。

当時の田中角栄首相は、この判決で行政は被告にはなっていないが、産業育成政策を反省したのか、判決が「住宅に隣接して工場を建設した過失」を指摘したことを受け、急きょ、工場建設は二〇〜二五％の緩衝地帯を設けることなどを盛り込んだ「工場立地法」を制定した。損害賠償判決に対応しての「公害健康被害補償法」（公健法）も制定するなど、公害行政の転換があった。

三重県は、判決前に、企業側敗訴と工場誘致の責任を問われることを予測し、国に先駆けて「硫黄酸化物総量規制」を実施した。

裁判で争われた硫黄酸化物の環境基準については、県の総量規制実施によって、工場は、低硫黄重油燃料の使用に切り替え、排煙脱硫装置の設置と高煙突化などによって、一九七六年に環境基準を達成した。行政や企業、そして市民のあいだにも、これで公害は収まった、改善したとの思いが広がり、終結・克服したとの主張がなされるようになった。

この隙間をとらえて、経済団体連合会（経団連）は、大気汚染はなくなった、なのに患者が発生するのは、公健法に認定制度があるからだと、四日市で公害裁判提起と勝訴に貢献した市議と学者に「四日市はよみがえった」と語らせ、一九八八年二月、公害患者認定制度を廃止させてしまった。

「ｐｐｍが環境基準以下になったので、公害は克服された」

「汚染地区と非汚染地区との有症率が同じになったので、ぜんそくは終結した」

行政や企業のこうした見解に対して、「おれんとこはぜんそく持ちの家ではないし、発作も認定患者と同じような咳をする。公害ぜんそくじゃあないって言うのやったら、何ぜんそくっていうのやな」とか「公害を克服した、終結したとかは言わんでくれ、公害がなくなったのに、患者がいるのはおかしいやないかって見られるのはつらい」と、公害病認定制度の廃止後にぜんそくになった人は言う。

「基準ね、あれは工場が成り立っていく基準であって、わしらが成り立っていく基準じゃない。ようする、ようするって、学が無いで、そうやって一〇年だまされてきた」。こう言う人もいる。

公害患者認定制度廃止から二〇年が過ぎても、磯津地区では、ぜんそく患者が発生している。酸素吸入なしでは生きられない患者もいて、そうした患者は、障害者手帳を渡され、医療費だけが免除されている。この間にぜんそくで亡くなった未認定患者もいる。

だから、四日市は、公害を克服した、とはまだ言えない。

公害認定患者は、認定制度実施中だけで二千二一六人。ただし、この患者数は国民健康保険加入者のみであって、患者であっても共済・組合健保加入者は、会社に遠慮して認定申請をしていない人もいる。なので、四日市医師会は、「四日市ぜんそく患者は、認定患者の三倍はいる」と言っている。また、この中には自殺した認定患者が、わかっているだけで六人いる。

二〇一〇年の時点で、四日市では公害認定患者が四五〇人もいる。なかには高齢化で重篤化していて家中に酸素管を張り巡らしたり、薬の副作用で苦しんでいる患者もいる。

なによりも、公害裁判当時と同じように、公害発生源である火力発電所と石油化学コンビナート工場は、肥大化しながら存在している。

海岸はすべてコンクリートで固められた岸壁となり、海辺は工場が占拠、「立ち入り禁止」の立て看板を立て、市民を寄せ付けないようにしている。漁師町・磯津の子どもたちは、マイクロバスの送迎でスイミングスクールへ通い、泳ぎを覚えている。

当初から現在も、「工場が来れば市は発展する」と市は言い続けてきているが、「発展」の証がこうしたことだとしたら悲しいかぎりだ。

行政と企業、そして市民までもが、公害は「終わった」と思い込んでいる。

二〇〇三年、三重県は、有害物質（放射能・六価クロムなど）を含む産業廃棄物に「リサイクル製品」との認定を与え、石原産業四日市工場は、京都、岐阜、愛知、三重の一府三県下に堂々と販売、巨額の利益を上げていた。廃棄先の岐阜・愛知の市民運動団体の告発にあい、三重県はリサイクル商品認定を外し、石原産業四日市工場は搬入先から産廃・フエロシルトを回収、工場内の空き地に積み上げた。また、この工場は、産廃不法廃棄だけでなく、住民に知られたら反対に遭うからと、こっそりホスゲンという第一次世界大戦で使用された毒ガスの製造機を設置、操業していたり、汚水排水、汚染物排出もするなどしていた。

三菱化学四日市事業所では、子会社に汚染データの改ざんを指示していたことが内部告発で判明し、また、爆発事故を起こして付近住民を震え上がらせてもいる。

また、四日市市内大矢知地区の産業廃棄物が、不法投棄も含め国内最大規模であることを三重県は発表した。

それでも行政は、「四日市公害は終わった」と、「公害イメージ払しょく」に努めている。

二〇一〇年、四日市市長は上京し、文部科学省と教科書協会を訪れ、「教科書に、四日市公害はなくなったと記述」するよう要請した。四日市には今でも公害があり、ぜんそく患者が多数出ている、と受け止められているのは心外、工場誘致にも妨げとなっている、と言うわけである。

市民のあいだでも、よそへ行った際、「(四日市は) 公害ぜんそくで大変ですね、と言われ、嫌な思いをした」あるいは「四日市へ行くことになったと言ったら、四日市ぜんそくにならんようにね、と心配された」という声も聞く。

嫌な思いをさせられた市民は、「公害は……」と言われ、あるいは尋ねられて、相手にどう答えたのだろうか。その人に公害についての正確な知識があれば、嫌な思いもせず、これこれしかじかと相手に説明することもできるのに、と私は思う。

市民のコンビナート工場への関心・監視は薄れている。住民と工場と行政との三者が、適度の緊張関係を保つことと、工場・行政による情報公開・開示があってこそ、公害や行政・企業の不祥事をなくすことができる。

一昨年 (二〇一〇年)、三菱化学の汚染データ改ざん問題が表面化したとき、三菱化学四日市事業所へ、四日市再生「公害市民塾」のメンバーで出かけて、所長以下社員に会って抗議した。その際、三菱化学 (合併前は、化成、油化、モンサント化成の三社) は、ぜんそく公害裁判での被告企業で、判決後、原告患者側に立ち入り調査権を認めるなどの「誓約書」を提出していて、いまもそれは有効であるが……と質したところ、所長以下、「私たちは裁判判決後の入社で、裁判のことは知りません。どこかに裁判関係の書類はあるんでしょうが、見たことも、あることも知りません」と正直にあっけらかんと言った。こちらはしばらくのあいだ別世界へ来た思いに駆られた。

あの歴史的と言われる四日市ぜんそくの裁判の当事者で、加害行為を裁かれた企業の工場のトップが、その公害裁判を知らない……、ここまで風化したのか、あらためて思い知らされた。

これまで五年、一〇年と節目の年に「公害裁判判決〇周年市民集会」を開催し、米本判決の意義を考え、運動に活かすようにしてきた。ところが、原告患者側だけが判決に学ぶことをやり、一方の被告企業側は「知らない」で過ごしてきている事実を知らされたわけだ。

そこで、一昨年（二〇一〇年）の七月二四日は、公害裁判判決三八年と中途半端な年ではあるが、公害裁判を知らせるため、「公害裁判判決三八周年市民集会」を開催する企画を立てた。市民はもちろんのこと、企業（工場）と行政（市）もともに、一同に会して裁判・判決の意義について学んでほしいと願ってのことだ。

私は、原告患者の野田之一さんなどとともに、被告企業の中部電力、石原産業、昭和四日市石油、三菱化学を訪ね、集会への参加を呼びかけた。その際、最低これだけは知っておいてほしいと『四日市公害記録写真集』『新聞が語る四日市公害』『環境再生まちづくり――四日市からの提言』の三冊を贈呈した。

さて、当日の七月二四日、四日市本町プラザのホールには、市環境保全課長ほかと、被告企業だったコンビナート四社から二〇名余りが参加した。市民と行政、工場関係者が出席して、原告弁護団の弁護士の講演を聞き、原告患者の思いも聞くという場面が実現した。脱公害世代の原点回帰である。

四日市公害訴訟判決一〇年を過ぎたころから、私は「語り部」を頼まれるようになった。四大公害裁判（新潟水俣病、富山イタイイタイ病、四日市ぜんそく、熊本水俣病）学習で、小学校五年生の「社会科見学」の際に、四日市現地を訪れる学校が増えてきたのだ。幸い、一九八二年の判決一〇周年の際、公害被害地校の四日市市立塩浜小学校を訪ねたとき、当時の学校長が「空いている時は使っていい」と言ってくれた。

塩浜小学校は、公害激甚期のころ、「公害に負けない体力づくり」を実施していた。通学時は、活性炭を含んだ公害マスクを着用し、始業時には、教室で乾布まさつをやっていた。教室には、空気清浄機、校庭には、芝生とほこり防止のスプリンクラーを設置し、四〇個の蛇口が付いたうがい場で、子どもたちは一日六回のうがいをした。今では、このうがい場で、訪れた人は追体験ができる。そして、小学校から道路一本を隔てて、公害発生源の石油コンビナートが、今も存在しているのを見ることができる。塩浜小学校は公害学習の絶好の地である。

語り部活動の当初は、私一人であったが、子どもが公害患者の母親や公害患者自身にも語ってもらうようにした。そして、二〇〇〇年からは、公害裁判原告患者の野田之一さんが、退院後、漁の合間に加わってくれた。また、五年ほど前からは、コンビナート工場の退職者の山本勝治さんも加わり、常時三人態勢になった。私立高校非常勤講師の伊藤三男さんも、授業のない時には応援に来てくれ、伊藤さんは目下、語り部養成にも力を入れている。

「四日市公害＝くさい魚とぜんそく」について、誰でも知ることができるように、市民のための「公害資料館」があればと思う。

残っている記録から言えば、一九九五年に澤井余志郎の名で、四日市市長に「公害資料館建設を」の要望書を出している。当時は、三菱油化四日市事業所の総務部長から、市議、市助役を経て市長になった加藤寛嗣氏が市長で、この要望は無視された。

次の市長には、ぜんそく裁判患者側弁護士の井上哲夫さんが、大方の予想を覆して当選した。立候補前に井上さんは、「公害資料館を設置する」と言いにきた。当然、実現すると思ったが、市長就任一二年の間に、「四日市市はコンビナートあっての市である。コンビナートが嫌うことはできない」といったことが伝わって来て、実現しなかった。

二〇〇九年の市長選の際、田中俊行候補のマニフェストには「四日市公害の歴史学習、環境教育」が掲げられていた。私は、ほんとかなと首をかしげたが、公約に違いない。期待した。その田中さんが当選を果たし、市役所登庁を前に、選挙事務所で市民塾メンバーと、新聞記者とで会った。話は具体的で、「どの程度の資料館を望んでいるのか」「予算は……」と問われたが、こちらはそこまで考えていなかっただけにあわてた。田中市長はやる気であることを知った。

前の環境部長までは、「公害資料館ができても、誰も来ませんに……」と何も考えようとしなかったが、田中市長は、私がこれまでに撮りためた五〇〇〇本のネガをデジタル化するために予算を組み、「四日市公害記録写真集」DVD二枚を完成させた。それらは、四日市市環境学習センターなどでパネルにするなどして「公害写真展」で活用している。

写真のほか、文書は、公害訴訟を支持する会と私の持つ資料や、三重大学医学部吉田克巳教授の資料がある。裁判資料は、公立の資料館ができれば、津地裁四日市支部に永久保存されている書証一切を払い下げてもらうよう最高裁判所に申請しようと市と話をしている。

問題は、市環境部長が言っていた「誰も来ませんに……」であるが、待ちではなく積極的に呼びかけることが大事だと私は考えている。

① 小学校五年生の社会科に「四大公害裁判」を学ぶ単元がある。その中に、もっとも現代の課題でもある大気汚染原点の四日市公害があり、県内外の小学校がとりあげて学習している。これまでは、公害激甚地校の市立塩浜小学校に行き、蛇口四〇個がついた「うがい室」で追体験をやり、展望室で道路一本へだてての第一コンビナートを眺め、教室で、語り部に話を聞くなどの学習をしている。いつまでも塩浜小学校に頼ってはいられない。毎年こうした小学校五年生の公害学習は二〇校ほどあるので、公害資料館があればと思う。また、県外の小学六年生の修学旅行で、伊勢志摩に行くときに、五年生で学習した四日市公害を現地で半日復習する日程を組んでもらい、公害資料館を利用すれば、学習を兼ねた修学旅行になる。

② 半世紀にも及ぶ「四日市公害の歴史」について、市民や保護者に接することの多い市職員、教員などの研修の場として活用する。公害の歴史のみならず、人権についても併せて研修する。

うがいをする児童（1967年７月、塩浜小学校にて）

③　コンビナート従業員の研修も必要である。「公害がひどいころは、公害になるような作業は避けなければならないと努めてきた。その公害経験者のわしらが定年でいなくなった後、若い連中はどうしているやろう……」と心配している退職者がいた。工場幹部以下、従業員も脱公害世代であり、裁判まで起こされた公害について知ることで、不祥事を起こさない操業に努めてもらう。コンビナート工場の幹部の中には、公害関係のビデオを使って社員教育をやっている幹部社員もいると耳にしている。

二〇一一年二月一一日の新聞は、新年度予算案の主な事業の中に「公害資料館整備」一千万円を計上、三年間で二億一千万円を予定、着工を見込む二〇一二年は、ぜんそく患者勝訴判決から四〇周年に当たり、田中市長は、「行政、市民、事業者が一体となって環境改善に取り組んできたプロセスも含め、内外に広く発信したい」と意気込んでいる、と報じている。

公害は、ｐｐｍの数字で表わされるものだけではない。自然破壊、環境破壊であり、何より人間を破壊する。過ちを繰り返さないために、一人一人の市民、行政、企業に、この事実を知って、見て、考えてほしいと願う。公害イメージを払拭しなければ、としきりに言う人もいるが、四日市公害は、受け継いでいかなければならない歴史の事実なのだ。

四日市はもはや、コンビナートと運命共同体。ならば、今後も公害を引き起こすことのないよう、住民と工場と行政は、トライアングルの関係を保持し、過去を水に流して仲良くなるよりは、お互いが適度の緊張関係をもちあうことが必要だ。情報公開もしなくてはならない。行政も工場も、地区の自治会長一人をして住民全体と見なすようなことは、なくしていかなくてはならない。

吉村功さんが四日市を離れ、東京へ移ったとき、私も「助っ人廃業宣言」をしようかと考えていたが、原告患者の野田之一さんの「公害で名を上げたおエライさんで、今もわしらの味方になっている人っているか？……もう、わしらは利用価値がないのか」と言った言葉が頭から離れない。私も「公害で有名になった」一人である。今後も、「反公害」をやり通したいと思っている。

ありのままを記録する。生活記録も公害を記録することも、別段大したことではない。誰にでもできることである。なのに、生活記録では、私は扇動者として勤め先の紡績工場をクビにされ、公害を記録することでも、勤め先の地区労役員から三度クビにされかけた。

また、紡績工場の塀の中で、生活記録を書く、話し合う、運動するサークル活動をしていた娘たちも、職場では主任などに、寄宿舎では教務係（舎監）などに、ついには出身地の連絡員（募集人）や保護者会役員に、父母たちが脅かされるなどの迫害を受けた。仲間の中には、心ならずも寄宿舎教務主任に懐柔され情報屋になった娘もいた。

「姉まで使われて脅かされたんだから、そうするしかなかったんだ、そっとしてやれよ……」

仲間はずれにはならないようにみんなで申し合わせた。

男子の場合には、本人から「もうこれ以上は抵抗できないので、仲間から外してもらうでな」と言うので、「わかった」と了承したこともあったが、大部分の娘たちは、

「わしらは何も悪いことをしているわけではないでな、やめろって言われてもな……」

と我慢の抵抗をしてきた。だが、労組の役員が、「団結を乱す生活を記録する会」と解散勧告をしてきたときには、あきれてしまった。もちろん無視した。

鶴見和子さんや木下順二さんたち文化人グループの方たちは、労組役員と工場幹部に「懇談したい」と申し入れてくれた。両者とも、文化人の先生たちがまともに懇談を申し込んでくるとは思ってもいなかっただけに、「いずれ……」と逃げの一手。


一九六〇年代になるとともに、紡績産業は衰退の一途をたどり、四日市港は本州の中央部に位置していたこともあり、世界一の羊毛（原毛）輸入港として繁栄したが、かつての私の職場、東亜紡織泊工場も新規採用をしなくなり、工場は閉鎖された。跡地はイオンのショッピングセンターとなり、泊工場のおもかげは、鶴見和子さんがはじめて工場へ来て下さったとき、「あいさつ代わりに」と『娘道成寺』を踊られた芝生のあったお稲荷さんが残っているだけである。

生活記録サークルの娘たちも、つぎつぎ退職、最後に残った三人が、「生活記録をしていたら嫁のもらい手がないとさんざんいじめられたやろ？　それで今日、着物を来て事務所へ行って、結婚退社しますってあいさつしてきたのえ」と晴れ晴れとした顔で報告に来た。生活記録は、見事に会社と労組幹部に勝った、その事実を目の当たりにし、愉快な幕切れを味わうことができた。

「終わりよければすべてよし」であったが、そうはいっても、娘たちの人生はこの先も続く。

「工場時代は仲間つなぎを強くして弾圧に耐え、生活記録の運動を続けてきた。退社後はみんなばらばらになる。それでも仲間つなぎを大事にしていきたい。それで、下一けたに〇と五のつく年に集いをもとう。そこで退職後の自分の成長ぶりや、遅れている自分を確かめあい、次の五年に備えよう」と提案して、工場時代に別れを告げた。

最初の集いは、一九六五年の正月、下伊那で二五人ほどが集まった。なかには子ども連れもいた。「わしゃなあ、離縁されてもいいで、集いへ行くって出てきたのえ」と言う者もいた。

鶴見和子さんは急な用事で来られなかったが、日本作文の会の後藤彦十郎さんが来てくれた。雑談でにぎわったが、難しい話し合いはしなくても、一人一人、かつて帰りたくないと思っていた村の中に腰をおろし頑張っていることがうかがえた。鶴見和子さんは二回目からは参加してくれ、木下順二さんは、集いが縁となり、下伊那の村の青年団長の家に半年ほど居候し、農作業に従事していたこともあった。

ただ「書かなくちゃと思うんだけど、書けなくてな……」の声は、あとの集いでも出た。ある娘の嫁ぎ先の家へ行ったら、ダンナさんが、「おらへの嫁は、書かなきゃいかん、書かなきゃいかんと言いながら、背中を掻いている」と冷やかしていた。二五年目以後は、「わしらも年をとってきたで、五年ごとじゃなしに、二年か三年ごとに集まりをもとう」となった。

こうした集いは回数を重ねるとともに、娘たちのダンナさんが送り迎えをしてくれたり、集いに参加して話し合いに加わるようにもなっていった。そんななか、「うちへ泊って行きな」と誘われるがままに、私も気軽に泊めてもらい、ダンナさんともあれこれ話し合ったりして、すっかりいい気分で過ごし、帰りの中央道高速バスの中で、「気軽に泊ってきたけど、ダンナさんは本当のところはどう思っているだろうか？　うちの嫁の紡績工場時代の男仲間が来て泊っていく、おれだったらどう思うかな……」。次からは泊るのはやめたほうがいいなと思うのだが、電話で話している時に「うちのダンナがこのごろ澤井さんはちっとも出てこないけど、たまには伊那へ来て、泊っていけばいいのにって、電話のはたで言っているよ」と言われると、「じゃあ、行く」と反省はすっ飛んで、出かけて行ったりもする。

こうなる前までは、何かと気になることがあり、滅入ってしまうこともあった。生活記録を書きあう・話し合う、これだけのことで弾圧され、苦しい目にあった。文集『私の家』や『母の歴史』を書き、劇団との集団創作として『明日を紡ぐ娘たち』の台本づくりをすすめたことから、農村の暮らしのひどさを知った。工場で男子と結ばれなければ農家の嫁になるしかない。恋愛事件で悲しい目にもあった。もしも、生活記録運動に参加していなければ、結婚適齢期になれば実家が用意した縁組で、ためらいもなく結婚生活に入っただろうにと思う。

どちらがよいか、それは各自が決めることではあるが、私は正直、生活記録の娘たちに過酷な無理をさせてしまったのではないかと気がかりで、ときどき「生活記録運動に参加していなければ苦労することもなかったと思うんだが、正直のところ、どうなんか？」と聞いていた。娘たちは、「何言ってんのよ、生活記録があったから今の自分がある」と答えてはくれるが、私はずっと気になっていた。

娘たちも、今は後期高齢者のおばさまになった。最近はやはり、生活記録をやってきて本当にみんなも私もよかったんだなと確信がもてるようになった。ところが、伊那、東京のおばさまたちから「この頃『生活記録通信』が送られてこないけど、澤井さん元気なんかなあ」と電話がかかってきたりする。やはり、生活記録で結ばれた仲間なのだから、書いたもので元気を知らせなければと思ったりする。

公害を記録する運動も、公害発生源側から攻撃されるよりも、こちら側からの圧力に耐えて進めなければならなかった。それだけ記録の重みがあった証明だろうが、生活記録も、公害を記録する運動も、そうした弾圧・圧力があったればこそ継続できたと思う。ほめられていたら、無視されていたら続かなかったと確信する。

反公害運動での仲間は、公害裁判の頃、主に名古屋大学の学生・教官たちが、己の意思で身銭を切っての反公害住民・患者たちの助っ人をつとめた。黒衣で創意工夫の運動を展開してくれた。

労組や政党・団体の動員による運動＝行事を消化する方式とは際立ってその違いを見せていた。地区ごとに担当を決めてぜんそく公害患者に月に一回は必ず会いに行き、情報交換をしていたし、新規工場建設では、黒衣に徹し、反対住民の手足となって運動、ついには四日市で唯一の工場進出阻止を成功させた。公害裁判でも弁護団の調査研究資料提供を受け持ち、傍聴券確保では前夜から寝袋持参で並ぶなど、頼もしい助っ人であった。公害裁判判決後、この学生たちは大学へ戻る。なかには卒業することなく、仕事に就くなどする者もいた。

あれから四〇年が経つ。四日市市の隣にある三重郡菰野町に、当時、名古屋大学教育学部の学生だったおけいさんが、ヤマギシ会から出て、一人で住んでいることがわかり、当時の四日市公害と戦う市民兵の会（現在、四日市再生「公害市民塾」）のメンバー四人で、昨年暮れに会いに行った。夢のようであった。私が頼んで助っ人に来てもらったわけではないが、四日市に来ていなければ、大学を卒業し、社会人になっていただろうにと、学生たちに私は負い目を感じていただけに、おけいさんとの久しぶりの邂逅はなつかしさと、無事を確かめることができ、喜びであった。

今年（二〇一二年）の七月二四日は、四日市ぜんそく公害訴訟での「原告患者側全面勝訴判決四〇周年」に当たり、かつて歴代の四日市市長が避けて通ってきた「四日市公害資料館設置」の動きが進んでいる。

四〇年の歳月は長く、九人の原告患者は野田之一さん一人だけとなった。その野田さんと私を一年余りにわたり取材してきた東海テレビのドキュメンタリー番組『記録人　澤井余志郎』（51分）が、一昨年に放映され、その番組をもとに94分の映画『青空どろぼう』が制作された。

昨年六月、その映画が東京の映画館・ポレポレ東中野で封切られた際、影書房の吉田康子さんが、「ひょっとして東京演劇アンサンブルが上演した『明日を紡ぐ娘たち』の澤井さんでは？」と会場で声をかけてくれた。私が過去に書いたいくつかの原稿を編集してくれた。吉田さんに感謝します。

二〇一二年一月

澤井　余志郎

［著者］
澤井余志郎（さわい・よしろう）

1928年静岡県雄踏町に生まれる。

1945年浜松工業学校紡織科卒業。翌年、四日市の東亜紡織泊工場に就職。中学生の生活綴り方を集めた『山びこ学校』に触発され、工場の女子工員らとともに生活記録運動をはじめる（「生活を記録する会」）。サークルでの作文は、『母の歴史——日本の女の一生』（木下順二・鶴見和子編、河出書房、1954年）、『仲間のなかの恋愛』（磯野誠一等編、河出書房、1956年）として出版され、また集団創作劇『明日を紡ぐ娘たち』（劇団「三期会」上演）に結実した。

1954年地区労働組合協議会での臨時職員を経て事務局員（1990年定年退職）。

1962年ごろから四日市公害が顕在化すると、被害住民たちへの聞き書きをはじめ、ガリ版文集「記録『公害』」（1968年〜1999年）を発行。四日市公害を記録しつつ、反公害運動に尽力してきた。

［編著書］

『くさい魚とぜんそくの証文——公害四日市の記録文集』（はる書房、1984年）、『紡績女子工員生活記録集』（全7巻、日本図書センター、2002年）、『「四日市公害」市民運動記録集』（全4巻、日本図書センター、2007年）など。

ガリ切《き》りの記《き》——生活《せいかつ》記録《きろく》運動《うんどう》と四日《よっか》市公害《いちこうがい》

二〇一二年五月二一日　初版第一刷

著　者　澤《さわ》井《い》余《よ》志《し》郎《ろう》
発行所　株式会社　影書房
発行者　松本昌次
〒114-0015　東京都北区中里三—四—五
　ヒルサイドハウス一〇一
電　話　〇三（五九〇七）六七五五
ＦＡＸ　〇三（五九〇七）六七五六
E-mail＝kageshobo@ac.auone-net.jp
URL＝http://www.kageshobo.co.jp/
〒振替　〇〇一七〇—四—八五〇七八
本文印刷・製本＝スキルプリネット
装本印刷＝ミサトメディアミックス

定価　二、〇〇〇円＋税

ISBN978-4-87714-424-1